AF366857

El Arte de la Tesis Doctoral

José Ramos Vivas

A mi Mujer Patricia y a mis Hijos Alejandra y Julio

A mis Padres y Hermanos

Índice

El sendero parece escarpado y peligroso, pero solo la primera parte tiene rocas y peñascos y aspecto de ser impracticable. ¿Se llega a las alturas por el llano?

L. Séneca

Prefacio

Es probable que el alumno que ingresa en un programa de doctorado en ciencias no sea totalmente consciente de sus posibles intereses científicos a corto y largo plazo. Alguien le tiene que decir lo que es el factor de impacto de las publicaciones, cual es el papel de un revisor (referee) de artículos científicos, lo que hace el editor de una revista, cuanto valor tiene publicar en una revistilla, o lo que significa publicar en Nature, Science, o en revistas con espectro menos amplio. Debería haber alguien en su primer laboratorio que le diga la importancia de ir de primero, segundo o último autor en un artículo científico. Alguien le tiene que decir lo que es un programa de gestión de referencias bibliográficas, o cómo editar las imágenes que generan sus experimentos. Alguien tiene que enseñarle cómo es un proyecto de investigación y cuando se pide una beca. Alguno de sus compañeros o superiores debería informarle sobre las normas de seguridad "de la casa", o de cómo solicitar artículos o material biológico a otros investigadores, de cómo conseguir ayudas para viajes, cursos o congresos – y de la importancia de asistir a cursos y congresos– y lo que se va a encontrar en ellos, e incluso cómo se hace rápidamente un póster en PowerPoint. Alguien tiene que aconsejarle la inscripción a una o a varias Sociedades Científicas y las ventajas que ello supone. Alguien tiene que explicarle cómo trabajan las casas comerciales de productos de laboratorio, o cómo buscar y comparar éstos en la red, o cómo solicitar un catálogo, o cómo acceder a páginas web de protocolos, subscripciones gratuitas a revistas; o cómo optar a premios nacionales o internacionales. Alguien tiene que aconsejarle actividades no directamente relacionadas con su trabajo y que supondrán un plus en su *curriculum vitae*. Debería haber alguien que le comente precisamente la importancia de un buen CV a la hora de optar a una posición postdoctoral (postdoc). También, alguien debe explicarle en qué ocupa el tiempo su jefe, o ¿por qué hay algunos tan "especiales"? O ¿cuál es la diferencia entre un laboratorio grande y uno pequeño? O entre un centro de investigación con abolengo y uno nuevo recién construido. Por supuesto, alguien que le diga cuales son las partes de una Tesis Doctoral, de qué manera lidiar con su jefe durante la escritura del manuscrito y cómo hay que aprovechar el tiempo durante los años de doctorado.

De todo esto y de otras muchas cosas trata El Arte de la Tesis Doctoral.

Sobre este libro

Varias situaciones me han animado a escribirlo. 1) Las entrevistas de trabajo realizadas a licenciados, tras ofrecer un puesto de becario predoctoral en mi laboratorio. 2) Las charlas con doctorandos y becarios mantenidas en congresos científicos. 3) Muchos años de trabajo en distintos laboratorios, conversando con personas muy diferentes. 4) La escasa cultura científica de nuestra sociedad y de nuestros políticos y la ignorancia generalizada sobre el trabajo que realizan los investigadores científicos.

En primer lugar está el absoluto desconocimiento de la profesión de científico que manifiestan la mayoría de licenciados o graduados en Ciencias que buscan su primer empleo. Tengo claro que la explicación de las salidas profesionales que tiene una carrera de Ciencias parece no ser objetivo de la Universidad. De algún valiente profesor tal vez. Recordemos que las diez profesiones más demandadas actualmente no existían hace tan solo diez años.

La mayoría de alumnos universitarios están condenados a conocer las posibles opciones laborales en investigación a través de amigos que ya están realizando el doctorado o de algún familiar o conocido y poco más. Y sólo aquellos que hayan tenido la suerte o el privilegio de participar en alguna tarea relacionada con la investigación científica en un Departamento Universitario, podrán atisbar ligeramente lo que le espera a alguien que quiere comprender la realidad y está dispuesto a pasar su vida entre las paredes de un laboratorio, bien sea éste universitario, gubernamental o de una empresa privada.

En segundo lugar, lo extraño que resultan algunas cuestiones básicas sobre la carrera científica para muchos doctorandos que ya se encuentran inmersos en el día a día del laboratorio. Algunos tienen un total desconocimiento de las herramientas y estrategias básicas que pueden ayudar en la realización de sus trabajos de investigación, como el manejo de búsquedas bibliográficas, las colaboraciones entre investigadores, el manejo de programas informáticos que pueden implementar u optimizar la escritura de la Tesis Doctoral, o qué es lo más importante a la hora de construir un *curriculum vitae* en ciencias. La mayoría también desconoce las funciones que realizan o se supone que deberían realizar sus jefes –aparte de preguntar todos los días si ya hay resultados en el experimento de turno–. Me extraña además, el desconocimiento existente sobre la importancia de la posición de los autores que han trabajado en una publicación, qué es el factor de impacto de las revistas, o cómo éstas marcarán sus trayectorias científicas. Todo esto debería enseñarse en la Universidad. Sé que es mucho pedir que se enseñe incluso un poco antes.

En tercer lugar, una carrera científica está plagada de alegrías y tristezas –siempre más de las primeras–. Una de las alegrías viene dada por la posibilidad de conocer a personas de otras ciudades, de otros países y otras culturas. Las conversaciones mantenidas con estas personas dentro y fuera de los laboratorios siempre son enriquecedoras y ayudan a comprender los diferentes puntos de vista, métodos, reglas, protocolos, conductas y fenotipos de investigadores que la variedad de ramas del conocimiento científico producen y moldean.

Por último, no solo mis amigos e incluso algunos miembros de mi familia, si no un alto porcentaje de personas en nuestra sociedad, son absolutamente incapaces de esbozar dos frases coherentes sobre alguna posible actividad que realizan los científicos en los laboratorios. Ante esta pregunta, un alto porcentaje de la población responde que el trabajo de los científicos está dedicado única y exclusivamente a la cura de enfermedades o mejorar la salud de las personas. Todos los demás aspectos de la biología, del medio ambiente o de la tecnología quedan eclipsados por la salud, quizás porque es lo que más preocupa al ser humano.

Este desconocimiento del trabajo que realizan los investigadores se ve además reflejado en la clase política, ajena al mundo de los antibióticos, de la polinización, de las células madre, o de cualquier otro tipo de investigación científica que podría contribuir al progreso —y al PIB— de nuestro país. Mucha gente oye hablar de trasplantes, de nanorobots, de bioinformática, de enfermedades mentales, o de virus y mete todo en el mismo saco. Los avances científicos que disfruta el ciudadano de a pie se reducen a veinte segundos de gloria en un telediario –como mucho una vez a la semana– y son incomprendidos casi totalmente. Parece que cualquier noticia sobre un avance en cualquier área científica se mete en el cajón del éxito de unas personas de bata blanca que hacen cosas raras, no se sabe dónde. Tengo la sensación de que si cambiásemos al investigador de bata blanca que sale por la televisión cada vez, pero cada noticia fuese grabada en el mismo laboratorio todas las semanas, nadie se daría cuenta. ¿No debería la sociedad poder conocer quién descubre qué, para qué y dónde? ¿No deberíamos conocer la existencia de centros de investigación en nuestra propia ciudad o en nuestro país? ¿No deberían todos los estudiantes poder visitarlos y dialogar al menos una vez con alguna de esas personas de bata blanca? ¿No deberíamos acercar los colegios e institutos a los laboratorios y a los investigadores, o los laboratorios y los investigadores a los colegios e institutos?

Mis amigos de juventud se extrañaron durante unos años de que me paseara a todas horas con unos papeles escritos en inglés debajo del brazo. Son "separatas" decía yo. Loco, me decían ellos. El apodo de loco duró hasta que me cambié de ciudad para terminar mi Tesis Doctoral. Como sigo trabajando en un laboratorio, de vez en cuando me siguen llamando loco y nos echamos unas risas. Siempre que pienso en este tema, se me viene a la mente el libro de Carlos Elías, "la razón estrangulada", que hace referencia a la asociación entre científico y loco o friki, que surge inmediatamente en la mente de la gente, en buena medida gracias a las series de televisión y películas donde el científico de turno sufre algún tipo de trastorno mental que le induce a hacer el mal, o simplemente, a realizar cosas muy raras.

Pues bien, ya que soy especialmente feliz con la profesión que he elegido –como creo que lo son la inmensa mayoría de científicos– quiero plasmar en este libro mi opinión sobre el trabajo de los jóvenes investigadores durante la realización de su Tesis Doctoral. De cómo empieza y cómo puede terminar. De cómo se vive en ella y se malvive. Estoy seguro de que será de ayuda a todos los que quieran disfrutar –o ya lo hagan– del placer de investigar y descubrir, y sobre todo, a los que quieren comenzar o han comenzado ya su Tesis Doctoral.

Ya que mi experiencia está basada en la Microbiología y las enfermedades infecciosas, los estudiantes o doctorandos interesados por estos temas –o ya inmersos en ellos– se encontrarán más cómodos, aunque espero que cualquier futuro investigador pueda sacar provecho de este libro. Al menos esa ha sido mi intención al escribirlo.

Para trabajar como científico, hay que realizar en primer lugar una Tesis Doctoral y el doctorando debe tener claro cual es el principal objetivo de esta Tesis. No son los artículos científicos, que pueden llegar o no. Los artículos serán importantes cuando lleguen evaluaciones más elevadas. Aunque hay que aspirar a la perfección –que la mayoría de veces o casi nunca lleguemos a saber si la hemos alcanzado– bien sea haciendo un gel de agarosa o recolectando granos de polen en el campo, tampoco el objetivo único debe ser la calidad de la Tesis, que es difícil de medir o valorar y que tiende a ser alta o muy alta. **El principal objetivo durante la Tesis Doctoral es la formación investigadora intensiva y la adquisición de pensamiento crítico independiente que permita identificar problemas y solucionarlos**, lo que servirá para realizar una etapa postdoctoral de calidad, con vistas a la obtención de una posición estable como investigador. Para cumplir este objetivo, el doctorando debe escribir una monografía o libro, que refleja el diseño y ejecución de unos experimentos, una recolección y análisis crítico de datos, una bibliografía exhaustiva y una discusión de los resultados. Todo esto culmina con una exposición del trabajo ante un tribunal, que debe juzgar si el doctorando es, o va a ser capaz de realizar investigaciones científicas de forma independiente.

El éxito de la investigación científica en beneficio de la humanidad depende del flujo de estudiantes de ciencias hacia los laboratorios. Las vocaciones científicas se han reducido notablemente y las expectativas de los jóvenes investigadores que consiguen entrar en el sistema de ciencia se centran en la consecución de un puesto de trabajo similar al de sus directores de Tesis, puesto de trabajo en el que poder realizar una investigación original producida enteramente por sus cerebros. Para que esto suceda, es necesario informar de forma temprana y clara a los doctorandos de cómo se pueden conseguir esos objetivos dentro de cada situación local, regional, estatal y mundial que les ha tocado vivir.

Sin conocer lo que realmente interesa para la obtención de una robusta formación científica –que por supuesto no se enseña en muchas universidades– los futuros doctores desaprovecharán su paso por el laboratorio, obteniendo básicamente un título de doctor, que actualmente no es ni más ni menos que un billete de primera clase para viajar por el mundo de la incertidumbre laboral. Por todo esto y arriesgándome a ser redundante, espero que este libro proporcione beneficio a aquellos jóvenes –y no tan jóvenes– que aspiran a realizar una carrera científica e investigadora.

Existen muchos otros libros sobre Tesis Doctorales, también sobre pensamiento crítico, sobre cómo perder el miedo a la estadística, o sobre cómo redactar un buen *curriculum vitae*. Y también muchos otros sobre cómo escribir correctamente artículos, cómo hablar en público al estilo Steve Jobs, o cómo realizar fantásticas presentaciones en PowerPoint, Keynote o Prezi. Si el doctorando espera encontrar en este libro esas recetas milagrosas le recomiendo que se recorra las secciones de empresa o coaching de La Casa del Libro, los Sábados por la mañana después de un buen desayuno. Pero tengo que decir que, los libros modernos con sus títulos de autoayuda y siempre atentos a las tendencias prêt-à-porter, nos distraen de los que son únicos e importantes y que de verdad recomiendo: los clásicos.

Observará el lector mi incansable utilización de las mayúsculas al referirme a la **Tesis Doctoral**. Esto no es ni más ni menos que un guiño a la importancia y al respeto que merece el más alto grado académico.

Utilizaré indistintamente las palabras becario, doctorando, o estudiante predoctoral, para referirme al investigador joven que está realizando su Tesis Doctoral. También, utilizaré jefe, jefe de grupo o director de Tesis, para hacer referencia al Científico que se encarga de dirigir un grupo de investigación, y guía al doctorando durante su Tesis. No haré distinción entre becario/a, alumno/a, jefe/a, etc.

He incluido algunas citas al comienzo de los capítulos. Unas vienen a cuento del tema a tratar en cada uno y otras simplemente me han gustado, o me han emocionado en algún momento.

¿Qué es investigar en Ciencia?

El placer del trabajo está al alcance de cualquiera que pueda desarrollar una habilidad especializada, siempre que obtenga satisfacción del ejercicio de su habilidad sin exigir el aplauso del mundo entero.

B. Russell

Si no hay que comer, no se come.
Si no hay que dormir, no se duerme.
Si tienes que aprender algo, coges y lo aprendes.

G.A. Jurado

Sigo investigando con 88 años. No conozco mejor manera de pasar el tiempo.

O. Smithies

Todo lo que aprendas, dedícate a aprenderlo con la mayor profundidad posible. Los estudios superficiales producen demasiado frecuentemente hombres mediocres y presuntuosos.

S. Pellico

Si te retiras al estudio, evitarás todo el hastío vital y no desearás que se haga de noche por fastidio de la luz, ni serás molesto para ti ni innecesario para los demás.

L. Séneca

Al escribir este libro me surgió el dilema de decidir qué explicar en primer lugar ¿Qué es una Tesis Doctoral? o ¿Qué es la investigación? Me he decidido por la investigación. Creo que es conveniente dar mi versión sobre ella, antes de pasar a la "etapa preparatoria" de la carrera científica.

Investigar es darle un sentido al mundo real, no solo entenderlo o describirlo, sino también explicarlo, para producir un beneficio a la sociedad. Investigar es insistir. Aprender, adquirir formación, e insistir. Trabajar con intensidad e insistir. Leer, pensar, e insistir. Investigar es también utilizar el sentido común. De poco valen las técnicas más avanzadas, la tecnología puntera, o miles de largas jornadas en el laboratorio, en ausencia de sentido común. Investigar también es resilencia, capacidad para recuperarse de los fracasos, pues el mundo de la investigación está plagado de ellos. Por supuesto, las metas en investigación deben ser realistas. No todo el mundo tiene la posibilidad –o la fortuna– de descubrir el Grafeno o la proteína verde fluorescente y gracias a ello recibir el premio Nobel. Hay pequeños descubrimientos que abren caminos muy interesantes en ciencia y esto también es importante. Esa enorme masa de científicos rasos, que no poseen grandes laboratorios ni mano de obra oriental dispuesta a mayores sacrificios, también tiene su importancia, aunque parece que las inversiones en I+D+i solo piensan en los coroneles y sus grandes laboratorios de reconocido prestigio y conexiones internacionales. Esas enormes cantidades de dinero que subvencionan la investigación de vanguardia a grandes grupos, no pueden pagar sin embargo ni la creatividad ni la imaginación. La técnica puede hacer de todo hoy en día, pero hace falta creatividad. De hecho, muchos grupos pequeños que no tienen gran presupuesto o que no publican grandes artículos, han formado a importantes científicos que no han tenido el apoyo del efecto Mateo en sus inicios. El efecto Mateo en ciencia –Evangelio de San Mateo, capítulo 13, versículo 12– se acuñó firmemente en el artículo de Robert K. Merton publicado en Science en 1968 y viene a decir que cuanto más conocido seas, o lo sea tu jefe, cuanto más famosa sea tu institución, o cuanto más potente sea tu laboratorio, mejor te irá a ti y más beneficios obtendrás del sistema.

Pero ojo, al joven investigador le esperan muchos años de poco sueldo y mucho esfuerzo, de poca estabilidad laboral y muchas horas de soledad. Los que comprendan rápidamente de que va investigar en nuestro país o sus alrededores, deben plantearse la siguiente pregunta. ¿Estoy dispuesto a luchar 10 o 15 años –o más– por seguir haciendo lo que te gusta, o prefiero conseguir una plaza de funcionario estudiando tan solo dos? No te preocupes, si eres bueno investigando, tendrás muchas posibilidades de trabajar en un laboratorio y hacer lo que te gusta. Y te aseguro que es muy satisfactorio levantarse por la mañana para realizar un trabajo realmente estimulante como es la investigación. Además, hay que prestar atención a estos números: 35-40, 1600-1840, 56000-64400. Son números muy importantes. Son las horas que trabajarás a la semana, al año, o durante una vida laboral de

35 años. Si te pasas todo ese tiempo en un trabajo que no te gusta o que no te estimula mentalmente, malo.

Es cierto que no hay sitio para todos los que quieren ser científicos e investigadores, pero también es cierto que a medida que pasan los años, la selección natural —con el permiso de la endogamia— se queda solo con los mejores. Y no pasa nada porque a alguno se nos lleve por delante, siempre que no sea demasiado tarde para encontrar otro trabajo. Por eso, sea cual sea el tiempo que vas a pasar en un laboratorio, intenta aprender todo lo que puedas, durante todo el tiempo que sea posible, incluso habilidades no relacionadas con la investigación, pero que puedan ser útiles para otra "vida laboral normal".

Además, poca gente sabrá reconocer el trabajo de Científico. Cualquier persona que se encuentre paseando por cualquier calle de cualquier ciudad, sabrá muy poco sobre lo que estás haciendo, mucho menos tendrá capacidad para valorar tu trabajo y muy probablemente ni siquiera le interese. Posiblemente, muchos serán de la opinión de que poco de lo que se hace en un laboratorio sobre las bacterias, las células, los radiotelescopios en Canarias, el zooplancton, o los agujeros negros, vale para algo. Y valdrá para mucho menos si dices que es un trabajo en el que llevas invertido muchos años y mucho dinero público y aún no tienes resultados útiles para la sociedad.

Investigar es el trabajo de un 0,01 % de personas, que desconoce el otro 99,99%, pero que interesa al 100%.

Pequeños descubrimientos

La ciencia avanza lenta pero inexorablemente. Cada pequeño descubrimiento estimula otros pequeños descubrimientos, y a su vez, un conjunto grande de pequeños descubrimientos puede dar lugar a un gran descubrimiento.

Muchas observaciones científicas se engendran como aparentemente inútiles durante el primer momento de su contemplación, y necesitan de otras aportaciones propias o ajenas para que su significado sea descubierto. Santiago Ramón y Cajal, unos de nuestros grandes pensadores científicos, decía que, incluso la persona que inicia la solución de un problema puede tener tanta importancia como la que lo resuelve. O, simplemente, los investigadores que realizan las primeras observaciones de algo potencialmente interesante, en ese primer momento no están preparados para sacar el jugo científico que contienen. Aún así, muchos resultados son publicados como una pequeña descripción útil y concreta de algo, o simplemente presentan resultados descriptivos. Pero estos resultados descriptivos –a menudo menospreciados por muchos revisores– que contienen más de lo que muestran, pueden ser aprovechados por mentes más ágiles, que los invocan desde otro punto de vista, desde otro contexto, desde otra área de investigación. Por eso, es muy recomendable, incluso para los más expertos, leer revistas científicas tangenciales —o incluso totalmente ajenas— al propio campo de trabajo.

Un enfoque diferente puede ser la chispa que encienda u reoriente una importante investigación. Estos enfoques vienen muchas veces de pequeños descubrimientos, que producen tan solo una pequeña cantidad de datos útiles, y que no siempre son publicados en grandes revistas de alto impacto, pero que pueden impulsar una investigación inesperadamente complementaria y aditiva. En la producción de datos de pequeño calado, intervienen sobre todo los doctorandos, que normalmente publican durante sus Tesis varios artículos de poco impacto. Más adelante, en la etapa postdoctoral, las investigaciones serán más potentes, los datos serán más importantes y concomitantemente, el impacto de las revistas donde se publican será más alto.

Por eso, no hay que perder de vista las pequeñas aportaciones de muchos grupos de reducido tamaño, modestos medios y gran mérito distribuidos por laboratorios de todo el mundo. Estos pequeños grupos contribuyen a tejer la red de conocimiento que es la base para que los grupos grandes, de laboratorios importantes y con muchos medios, saquen provecho de la integración de todo ese conocimiento. Tampoco hay que olvidar a los pioneros, que aportaron las bases de los actuales conocimientos y que comenzaron a construir los caminos por los que hoy en día circulan todos los investigadores.

Esa red de conocimiento formada por pequeñas aportaciones sin mucha importancia, de vez en cuando atrapa a algún insecto grande. Este insecto grande es un descubrimiento importante para la Sociedad.

Investigación básica Vs Investigación aplicada

Por supuesto, el conocimiento básico generado por los investigadores es aprovechado principalmente por la industria privada, grávida de recursos y capital, cuyo objetivo es simple y llanamente el beneficio económico. Esto lo saben bien quienes hayan estudiado Ciencias Económicas o Empresariales. Las primeras lecciones que se pueden aprender en esas carreras dejan bien claro que la función de una empresa es ganar dinero. Actualmente, muchos entienden la diferencia entre investigación básica e investigación aplicada de la siguiente manera: en la básica no hay beneficios a corto plazo y en la aplicada sí.

Los científicos que realizan investigación básica frecuentemente no tienen como objetivo principal una aplicación práctica, no buscan resultados traslacionales a corto plazo, no saben reconocer el potencial comercial de sus investigaciones, o simplemente, no están constantemente preocupados en cómo traducir lo que hacen en productos o servicios rentables. Los científicos que realizan investigación aplicada, utilizan el conocimiento generado por los que hacen ciencia básica para buscar una aplicación práctica o para resolver un problema específico rápidamente. Parece como si los primeros no tuvieran prisa, y los segundos sí.

Si cogemos una lupa para ver las diferencias entre ciencia básica y aplicada, enseguida nos damos cuenta de que a lo mejor hay que utilizar un microscopio, porque estas diferencias son muy pequeñas

Pondré un ejemplo que se me antoja actual (2014) aunque lo expondré de manera parcialmente ficticia. Hay un grupo de científicos en una universidad de New York que está investigando un tipo de bacterias difíciles de cultivar en el laboratorio, pero que se han detectado en el intestino humano mediante microscopios muy potentes y técnicas de Microbiología. Esos investigadores han puesto a punto una serie de técnicas para poder observarlas. Su trabajo consiste en descubrir cuantas especies diferentes forman este grupo de bacterias; ¿qué forma tienen? ¿En qué puntos del intestino humano se encuentran? ¿Cómo interaccionan con el epitelio del intestino? ¿Qué necesitan para poder crecer en el laboratorio? ¿Cuál es su función en el conjunto de la microbiota humana?, etc. No buscan resolver ningún problema, porque dichas bacterias parece que no causan ningún problema, ni son el resultado de algún problema. Sencillamente están ahí y estos científicos quieren conocerlas más a fondo. Pueden ser importantes para algo y deben estar en nuestras tripas por algún motivo, pero el primer paso es conocerlas bien. Las investigaciones de estos científicos resultan a priori muy interesantes y éstos han publicado ya buenos artículos caracterizando estas bacterias. Están realizando una investigación básica. Quieren conocer.

En base a las publicaciones de este grupo de científicos, otros investigadores han comenzado a hacer experimentos con ratones, en donde se han dedicado a introducir en sus intestinos bacterias malas, que les causan enfermedades parecidas a las que estas bacterias malas causan en el ser humano. Resulta que si a la vez que introducen las bacterias malas también introducen bacterias del intestino de humanos, los ratones se curan. De momento, están introduciendo como bacterias buenas todas las bacterias que pueden aislar de heces humanas y que se cree que están presentes en el intestino. Digamos que están realizando un trasplante de bacterias fecales –que en realidad son bacterias intestinales pues provienen del intestino, aunque se encuentren en las heces–. Con ese trasplante de bacterias quieren solucionar un problema concreto. Esas bacterias parecen inhibir a las malas. Quieren hacer una investigación que se pueda aplicar a la cura de algún problema relacionado con el tracto digestivo. En este caso, la investigación básica realizada por unos aporta el conocimiento para la investigación aplicada que realizan los otros.

El doctorando puede realizar su Tesis en un laboratorio de investigación básica o aplicada. Da igual. Su objetivo, como ya dije al principio de este libro es, la formación investigadora intensiva y la adquisición de pensamiento crítico independiente. Y esto se puede conseguir en ambos tipos de laboratorios.

Laboratorio grande Vs laboratorio pequeño.

No hay envidia si es muy desigual la competencia.

D. de Saavedra

Hay que advertir al doctorando de la cantidad de factores que favorecen la selección natural en Ciencia. La persona que quiere dedicarse a la investigación, debe conocer de antemano los entresijos que rigen la cultura científica pre y postdoctoral. El periodo predoctoral está marcado por la realización de la Tesis, por el Director de la misma y por el laboratorio donde se realiza. El período postdoctoral es el inmediatamente posterior al predoctoral y está marcado sobre todo por el prestigio del laboratorio donde se realiza y por las habilidades personales y laborales que ha adquirido el doctorando durante la etapa anterior.

El prestigio del trabajo de un doctorando también va asociado en muchos casos con el prestigio del laboratorio donde trabaja o ha trabajado; y por lo tanto, con el prestigio del jefe del laboratorio o de su director de Tesis. Un jefe de grupo muy "poderoso", con un gran laboratorio a sus espaldas, es una autoridad respetada por los científicos que trabajan en su campo. Para el doctorando, no será igual de prestigioso que la Tesis haya sido dirigida por el Dr. Don Nadie, que por el Dr. Máximo, que es por todos bien conocido. El tener un jefe "Máximo" implica que la Tesis ha sido realizada en un laboratorio puntero, y que probablemente también ha sido muy productiva. Cuando las publicaciones derivadas de la Tesis han sido firmadas por el autor de correspondencia "Máximo", éstas indudablemente son numerosas, lastran rigor y por supuesto también, un buen índice de impacto. Y como las investigaciones del jefe "Máximo" son seguidas con interés por un gran número de investigadores, citadas por éstos, e incluso veneradas, las publicaciones del doctorando también lo serán. Si el autor de correspondencia —es decir, el director de Tesis— es poco conocido, es más difícil que sean incluso consultadas. Por lo tanto, el realizar una Tesis Doctoral en un centro, una universidad, o en un laboratorio de prestigio, parece que es más beneficioso que realizarla en una universidad desconocida, con un director humilde. Esto no implica, evidentemente, que la Tesis sea mejor o peor si se realiza en un sitio o en otro, implica solamente que el lugar físico de realización de la Tesis también es tenido en cuenta por la selección natural que opera sobre las carreras de los investigadores. Por supuesto, hay grandes laboratorios que producen Tesis con pocas publicaciones, pero son una minoría. Esto es debido en parte, a que el número de doctorandos en esos potentes grupos es mayor y pagan el precio de la menor dedicación –por parte de su jefe– que le corresponde a cada uno.

Los doctorandos e investigadores postdoctorales que solo han trabajado en laboratorios importantes, ubicados en grandes centros de investigación, no conocen la relajación existente en los laboratorios pequeños, pertenecientes a entidades con menos masa crítica. Por el contrario, los doctorandos que trabajan en centros de investigación pequeños, o en grupos pequeños, desconocen la magnitud y el grado de competitividad que reina en los laboratorios de equipos y centros de gran tamaño. En las grandes ciudades, la masa crítica puede concentrarse en gran número en facultades universitarias, en grandes hospitales, o en muchos centros de investigación públicos o privados. En las pequeñas ciudades, la masa crítica estará concentrada en las escasas facultades de la única universidad, en el único hospital, o en el modesto y recientemente inaugurado centro de investigación. Los edificios que albergan los centros de investigación de las grandes ciudades son incluso centenarios, llenos de historia, donde se han formado los cerebros más importantes de un país, patriarcas con una numerosa prole de científicos y Tesis Doctorales dirigidas hornada –de becarios– tras hornada. Al contrario, los edificios dedicados a albergar grupos de investigación en ciudades pequeñas son relativamente nuevos, y menos grávidos de grandes científicos.

En los centros de investigación de prestigio de las grandes ciudades, con una trayectoria notable, la posibilidad y cercanía de esa importante masa crítica de investigadores veteranos hace que se mantenga o aumente cada día la competitividad; la posibilidad de acudir a conferencias o congresos variados es enorme, el intercambio de información entre departamentos científicos es más que posible, y las colaboraciones entre laboratorios puede optimizarse subiendo o bajando un piso del mismo edificio, atravesando el pasillo de una planta, o incluso cruzando una sola calle, o atravesando el campus.

En los centros de investigación de muy reciente creación, o ubicados en ciudades pequeñas, la masa crítica es menor, normalmente joven, temáticamente dispersa, y que suele realizar inexplicablemente menos colaboraciones en su propia ciudad. También experimenta una competencia menor –aunque a veces más encarnizada– por los recursos autóctonos, lo que da lugar a doctorandos "acomodados" que no sienten la necesidad de trabajar fuera de horario, de desplazarse constantemente a las charlas de expertos oradores, o de publicar más artículos que los doctorandos del laboratorio de al lado. Estos doctorandos de pequeñas ciudades no son advertidos de que, cuando terminen su doctorado, ya no competirán contra los doctores de su centro o de su pequeña ciudad, sino contra todos los doctores que han terminado su Tesis recientemente en grandes laboratorios o centros de investigación importantes de todo el país y que son llamados también a pelear en pro de una beca o contrato postdoctoral.

Lo que sucede en estos casos es muy sencillo de explicar. Los doctorandos de centros importantes –en capitales o ciudades grandes– han conocido una competitividad intra o inter laboratorios más agresiva y, científicamente hablando, han tenido mayores posibilidades de entrar en contacto con científicos de prestigio, de los cuales se aprende no solo ciencia, sino además, experiencias increíbles –muchas veces tan solo escuchando sus charlas–. Mientras que los doctorandos de pequeñas ciudades, o de centros donde no existe una cultura tan salvaje de "publicar o morir", no hay tanta masa crítica, y el contacto diario o semanal con científicos importantes no es posible, realizan sus Tesis de forma más relajada. Y también más relajados serán sus CV. El enemigo aquí es la falta de enemigos, que causa relajación. Es difícil competir contra algo que no se ve ni se conoce y contra lo que nadie te previene. Y al terminar la Tesis Doctoral, cuando llega la hora de repartir las becas o contratos postdoctorales, el CV tiene mucha importancia, o toda.

Evidentemente, puede que el CV no sea lo único que se valore en una entrevista de trabajo. Puede incluso que las virtudes retóricas del candidato sean excelentes y sorprendan a los entrevistadores, pero sin duda, la productividad del periodo predoctoral juega un papel clave. Y aquí es donde los doctores formados en grandes centros y grandes laboratorios llevan ventaja. Llevan ventaja y además se llevan las becas.

Hay que señalar también que de vez en cuando los laboratorios humildes producen inesperadamente científicos muy preparados, pero son una minoría.

Es aconsejable por tanto, que los doctorandos en pequeñas ciudades y centros modestos, no tengan en mente que sus competidores son los doctorandos que conocen *in situ* y que tienen la misma poca presión que ellos, que se relajan igual que ellos y a los que sus jefes les exigen lo mismo o menos. La competición será a nivel nacional o internacional, no local. A las evidencias me remito. Las mejores becas acaban siempre en el bolsillo de doctores salidos de las mejores canteras de doctores, porque han trabajado con una presión que estimula la competitividad y termina por favorecer cualitativa y cuantitativamente el CV. Además, en los pequeños centros o ciudades, un jefe se siente coaccionado a la hora de exigir más horas o más esfuerzo, porque, simplemente ¿Cómo van a exigir a un becario algo que a ningún otro becario de la zona se le exige? En los grades centros no hace falta que el jefe exija más o mayor esfuerzo, simplemente, el ambiente científico ya se encarga de ello.

De lo anteriormente expuesto, surge la necesidad de que los centros pequeños se hagan atractivos al talento y a la potencialmente brillante reputación de los jóvenes investigadores formados en laboratorios de prestigio, que ayudarán a incrementar la masa crítica, tan necesaria a la hora de inspirar, plantear y realizar buenos trabajos científicos en centros pequeños.

El oficio de investigador científico

En la vida del hombre de Ciencia se cumplen todas las condiciones de la felicidad. Ejerce una actividad que aprovecha al máximo sus facultades y consigue resultados que no solo le parecen importantes a él, sino también al público en general, aunque este no entienda ni una palabra.

B. Russell

La felicidad consiste en entregarse a una vocación que satisfaga al alma.

W. Osler

Feliz el que ha llegado a conocer las causas de las cosas.

Virgilio

¿Para qué vale un pensador? Para suministrar pensamientos a quienes no piensan. Lo cual significa que la industria del pensamiento será siempre próspera.

F. Vanderem

Unos navegan y soportan las fatigas de un largo periplo por la sola recompensa de conocer algo oculto y remoto… La naturaleza nos dio un natural curioso, y, consciente de su arte y de su belleza, nos engendró para ser los espectadores de tan maravilloso espectáculo.

L. Séneca

La sociedad percibe despistadamente los avances tecnológicos como gratuitos y no es consciente de que estos avances son en buena medida gracias al trabajo de los investigadores científicos. Un alto porcentaje de la población tiene la sensación de que dichos avances aparecen en las tiendas, en las farmacias, o en los anuncios de televisión por generación espontánea, desconociendo totalmente el proceso creativo y las inversiones temporales, económicas y personales necesarias para su desarrollo. Esto es así porque la gran mayoría de la gente no siente la necesidad de responder a preguntas transcendentales. De hecho, ni siquiera se las plantean, debido normalmente a que están demasiado ocupadas para pensar en cosas que no sean el estrés diario, el trabajo y las facturas. Esas preguntas transcendentales se acometen en los laboratorios de investigación científica.

Un científico –o un investigador científico–, emplea su tiempo –mucho tiempo– en el estudio y desarrollo de estos avances científicos y tecnológicos, que repito, son percibidos con frecuencia por el ciudadano de a pié como salidos de una chistera. Siendo realistas –y esto es lo más triste– pocos son los que se preguntan realmente de dónde provienen, o cómo surgen, bien sea un antibiótico, o la pantalla táctil de un teléfono.

Los científicos no son locos por designio divino, aunque mucha gente dice que hay que estar loco para ser investigador. Tampoco todos son genios. Muchos, son simplemente buenos trabajadores, con inquietudes mentales, muy reflexivos y altamente rigurosos, que permanecen gran parte de su vida estudiando, pensando y aprendiendo.

Para conseguir un determinado avance, dejando al margen a las empresas privadas, la sociedad ha invertido dinero —al menos en alguna pequeña parte, o en algún determinado momento— en la formación de esos científicos. Desde su etapa universitaria.

El trabajo de éstos consiste básicamente en realizar experimentos, o mediciones, o algún otro tipo de actividad técnica, para producir avances en un área de investigación concreta, que se nutre a su vez de los resultados de otros científicos que realizan su trabajo en otras partes del mundo.

Esas técnicas utilizadas para crear avances u objetos físicos útiles para la sociedad, son dadas a conocer principalmente a través de artículos científicos o patentes. Pues bien, los investigadores deben integrar toda la información bibliográfica de su área científica —o la que es relevante para sus trabajos— con el objetivo de contrastar sus resultados y mejorar sus conclusiones. Es decir, realizan la mezcla de práctica y teoría para crear avances e interpretar descubrimientos.

Un científico con cinco años de experiencia, lleva cinco años realizando tareas físicas —investigando— y cinco años realizando tareas mentales —leyendo y pensando sobre ellas—. Uno con diez años de experiencia, lleva diez años investigando y otros tantos tratando de integrar todo lo que ha leído y aprendido en ese tiempo, con el objetivo de aplicarlo a sus investigaciones. Un científico que lleva veinte años investigando en uno o en varios laboratorios, llevará ese tiempo aprendiendo, enseñando, creando, e integrando piezas de un puzle que es su línea de investigación o su carrera investigadora, que no está ni más ni menos que encaminada a mejorar en algún aspecto la cartera sanitaria, científica y tecnológica de un centro de investigación, de una universidad, de una empresa, o de la sociedad misma.

Todo este trabajo físico y mental y esa información sobre cientos o miles de otras informaciones científicas, está en la cabeza de ese investigador y solo puede ser útil en esa cabeza, ya que, aunque los experimentos se pueden publicar y reproducir, la experiencia no. Si se cercena una carrera investigadora, la sociedad se queda sin los frutos de su inversión en el investigador que ha estado "haciendo" y sobre todo "aprendiendo y enseñando" cosas. Se ha perdido el tiempo y el dinero.

Ese dinero no sólo se ha empleado en su nómina mensual, sino también en equipar y mantener su laboratorio. En la compra de materiales, reactivos, o en la manutención y cuidado de animales de experimentación. En viajes y dietas para asistir a congresos científicos, en la publicación de sus artículos o libros. En todo lo que forma parte de su línea de investigación y que posiblemente no pueda continuar nadie más. Repito, si un investigador deja la ciencia por culpa del sistema, la sociedad se queda sin los frutos de su inversión en dicho investigador. Se habrá perdido mucho tiempo y mucho dinero. Este es un tema que nadie ha tratado claramente. Ni en libros, ni en congresos científicos, ni en ningún ministerio del gobierno, ni siquiera en la Gala de los premios Goya.

Arriesgándome a ser redundante y lejos de caer en la tentación de mezclar esto con la incivilización de nuestros políticos, cada vez que un investigador deja su país, o cada vez que se cierra un laboratorio o un centro de investigación por falta de fondos, la sociedad pierde todo lo acumulado. Años de esfuerzo, sacrificio y experiencia guardados en la mente de un investigador. También se pierden sus líneas de investigación –que han tardado muchos años en alcanzar solidez– construidas a base de experimentos realizados por todas las personas que han pasado por un laboratorio y han contribuido a los mismos. Pensemos en ello.

Pues bien, para trabajar como investigador científico hace falta una carrera investigadora. No solo una carrera universitaria. Esta carrera investigadora comienza en la etapa doctoral. Antes de esta etapa, es raro que un estudiante de ciencias comprenda exactamente lo que hace un científico en el laboratorio. En los colegios, en los institutos e incluso en la universidad, se habla de ciencia, sí, pero no se habla de científicos. Por televisión se habla de actores famosos, de jugadores de fútbol, o de lindas modelos o actrices, pero no se habla de científicos. Parece hoy en día que solo hay vocaciones tempranas para esas profesiones deslumbrantes.

Bueno, puede que durante un minuto en el telediario, tras un gran descubrimiento en el campo de la oncología...

Algunas veces —más bien escasas— a algún niño se le ocurre que quiere pasarse la vida contemplando a los pájaros, haciendo mezclas de reactivos de colores o incluso curando a gente. Dice que quiere ser investigador (científico, no investigador privado o criminal). En esa etapa, sus aspiraciones son tan volátiles que pocos llegan a apuntalarlas. En el instituto, la profesión de científico o investigador es eclipsada por las modas y por el deseo de poseer bienes materiales que están solo al alcance de las estrellas mediáticas del deporte, el cine o del rock and roll. Por si fuera poco, la televisión para niños y para adolescentes muestra a los científicos como locos, frikis, o como los malos de la película. Y, o son los que hacen reír, o nadie quiere ser como ellos.

Así pues, la vocación para la ciencia sobreviene normalmente cuanto ya se está con las manos en la masa. Bien porque nos hemos apuntado como voluntarios para ayudar en las prácticas de un departamento en la universidad, o porque una vez egresados, hemos conseguido una beca o un contrato para investigar. Y ahí descubrimos que "eso" nos gusta.

La formación altamente especializada que brinda el doctorado debe ser el camino hacia un puesto de responsabilidad elevado, que debería conducir a una remuneración acorde con esa responsabilidad. Por suerte o por desgracia, hacia esa responsabilidad están orientados la mayoría de programas de doctorado, a crear pensadores y líderes de grupo, no para crear técnicos, o eternos postdoctorales. Ahora bien, no todos sirven para tareas de alta responsabilidad y no todos quieren ser líderes y eterno-pensadores. Algunos se conforman con ser expertos en una u otra técnica, o con ser los técnicos de tal o cual aparato. Y sobre todo, muchos se dan cuenta durante la Tesis, o inmediatamente después, de que los sacrificios que conlleva el dedicarse a la investigación no se corresponden con los beneficios que se obtienen.

Temprano o tarde durante la carrera científica y dependiendo de la capacidad y el sacrificio de cada uno, hay que elegir entre ser un asiduo autor, o ser un eterno lector, entre ser conductor, o pasajero. Esta actitud es la que diferencia a los grandes científicos que triunfan, de los que se conforman con conservar su plaza, su minúsculo laboratorio o las publicaciones mínimamente necesarias para cobrar un trienio adicional. También, define a los que toman las riendas de los grandes grupos y proyectos internacionales, frente a los investigadores que no aspiran a una responsabilidad elevada.

Ahora bien, no todos pueden tener grandes laboratorios a su disposición, con muchos postdoctorandos, doctorandos, y técnicos de laboratorio. No hay dinero, ni espacio, ni recursos para todos. Algunos tienen que conformarse con hacer lo posible con lo disponible. Depende como digo, de la capacidad y del sacrificio de cada persona. Y por desgracia, o eres un genio, o no tendrás grandes posibilidades de relajación si te dedicas a la ciencia, sobre todo al principio de tu carrera como investigador. Y además, genios hay muy pocos.

¿Y que mueve a los científicos a investigar? Muy probablemente una curiosidad adictiva.

No hay dos personas iguales. Esto es tan válido para el aspecto físico como para el mental. Hay personas que por naturaleza son mentalmente más inquietas que otras, o tienen distinto grado de curiosidad. Este rasgo se aprecia mucho antes incluso de conocer la posibilidad de embarcarse en una tarea relacionada con las ciencias. Ahora bien, una persona que tiene continuas inquietudes mentales y una curiosidad más elevada que la media, puede tener la suerte —o la desgracia— de querer comprender la naturaleza y elegir una carrera de ciencias. Durante esta carrera de ciencias en la Universidad, esta persona conocerá ligeramente lo que es la investigación. Si tiene suerte —o mala suerte—, entrará en contacto con el mundo de los laboratorios. Y ahí comienza todo. Se abre un mundo de preguntas y respuestas que hacen que el investigador no pueda dejar de pensar en ellas y de interrogar a la literatura y a su creatividad para contestarlas.

Para seguir haciendo preguntas y buscando respuestas, el mejor sitio es precisamente un laboratorio de cualquier área científica. Inevitablemente, la presión académica, social, e incluso económica "invita" a que el investigador realice una

Tesis Doctoral cuanto antes. En un mundo de competitividad creciente, no todos pueden hacerlo, pero los que lo consigan con éxito, podrán dedicarse a la búsqueda del conocimiento que tanto anhelan. Por supuesto, los primeros años en el laboratorio muy probablemente restringirán y focalizarán las inquietudes mentales hacia un área de trabajo muy concreta, como una proteína de conjugación bacteriana, la polinización de una especie rara de flores, un tipo de linfoma, o la orientación en largas distancias de la ballena azul. Posteriormente y con bastante probabilidad, estas bucólicas actividades se convertirán en una necesidad insaciable de reputación, encaminada a la competencia por los recursos que permitan seguir haciendo lo que al científico más le gusta: investigar. A veces incluso, a costa de creer que los laboratorios y el conocimiento generado para el beneficio de la sociedad son una posesión privada.

El alumno de ciencias entrará en contacto con el mundo real de la investigación gracias a su director de Tesis Doctoral. Éste le transmitirá sus conocimientos científicos, pero también debe ofrecerle cuanto antes, una visión global sobre el mundo de la investigación y hacia donde van encaminadas todas las horas que pasará el doctorando haciendo experimentos en el laboratorio. Si su jefe no lo hace, este libro lo hará. Al menos esa es la intención.

Hay pocas encuestas sobre el tema, pero la mayoría indican que los científicos están satisfechos con su trabajo.

Esto es así en la gran mayoría de los casos, a pesar de que la profesión de investigador científico mantiene a muchos individuos obedeciendo ciegamente las órdenes de unos pocos. Por supuesto, los que están en lo alto de la cadena alimenticia prácticamente están todos contentos y conservan la ilusión y el entusiasmo por su trabajo. Por otro lado, para muchos investigadores jóvenes no hay demasiado tiempo para el ocio, ya que su trabajo les absorbe en exceso. Para compensar esto, la imaginación que tienen algunos para pasar sus escasos ratos libres no deja lugar a dudas sobre la variabilidad fenotípica que puede alcanzar el ser humano, ya que son capaces de tener las más insólitas aficiones. Además, muchos científicos sacrifican su vida personal —o buena parte de ella— descuidando a su familia. Esto es consecuencia directa en muchos casos del ritmo competitivo que establecieron seguramente durante sus etapas doctorales y muy claramente durante sus etapas postdoctorales. Los dotados de mejores cualidades, tendrán la inmensa suerte de poder dedicar el tiempo necesario a sus seres queridos.

Muchos de ellos han formado una familia con una pareja también investigadora, o de profesión afín a la ciencia. Esto es una suerte desde la mayoría de los posibles puntos de vista y solo en esta situación se comprenden mejor las largas ausencias de la pareja, ya sea por trabajo en el laboratorio o por largos días de congresos en el extranjero.

Cuando ambos son investigadores, el esfuerzo común realizado en el laboratorio repercute en el hogar familiar. Evidentemente, también hay disputas —como en cualquier otra profesión– pero el beneficio de la comprensión laboral mutua es indudable. En muchos casos –si no en la mayoría– uno de los investigadores de la pareja destaca sobre el otro. Esto es asumido rápidamente y será el más apto el que ocupe la posición más alta y obtenga la mayor parte de los reconocimientos, relegando a la pareja a posiciones secundarias, tanto en el laboratorio, como en los artículos o proyectos científicos. En no pocos casos también, la diferencia intelectual y de capacidades científicas entre ambos es abismal y el más apto tendrá que remolcar, beneficiar, e incluso socorrer al científicamente peor dotado. De este modo, el menos dotado de los dos será encumbrado a puestos que en muchos casos no merece –notablemente a través de la coautoría de artículos– en detrimento de otros científicos más capaces, incluso del mismo grupo. Esto existe y es muy difícil de evitar, aunque se hayan implantado sistemas de control a varios niveles. Es algo parecido al tráfico de influencias, o a lo que ocurre con el nombramiento de consejeros políticos –a dedo–. En cualquier caso, es moralmente objetable, aunque evocaré aquí al libro de Richard Dawkins "El Gen Egoísta" para "intentar" atisbar en este comportamiento algo mínimamente plausible.

Endogamia universitaria

La endogamia es tan perniciosa para las facultades como para el ganado.

W. Osler

La sustancia del libro de Dawkins explica también la endogamia universitaria e investigadora. Por supuesto, en nuestro país, mucho más abundante es la primera. Esta endogamia, podría implicar –utilizando términos de moda en esta época de corrupción política– una mezcla de tráfico de influencias, apropiación indebida, fraude, abuso de autoridad y cohecho. Para que los recién egresados o doctorandos debutantes lo entiendan, la endogamia se da en la universidad o en los centros de investigación, cuando un candidato autóctono, es decir, de la casa, del Departamento de turno –o incluso del laboratorio de turno– es favorecido en la competición por una plaza, frente a un candidato forastero, aunque éste último tenga mucho mejor *curriculum vitae*, y/o mayor potencial investigador o docente. El de la casa gana y el foráneo pierde. En las resoluciones de muchas plazas de profesor universitario o de investigador científico, no se da prioridad absoluta al conocimiento, sino a la supervivencia y perpetuación de la especie, que en algunos casos es el grupo de investigación, la dinastía del catedrático de turno, o el régimen autoritario reinante en el Departamento de la Universidad X. Fin de la historia.

Pero tengamos en cuenta que cada vez que una plaza universitaria o de investigación recae sobre un candidato mediocre, o simplemente con menos méritos que su oponente u oponentes, hay la sensación de que la sociedad avanzará un poco más lentamente de lo que podría haberlo hecho. Tal despropósito es comprensible a la luz del mencionado libro de Dawkins, pero hay que intentar reducirlo. Los que hayan perdido una plaza a pesar de tener —objetivamente— mejores "dotes" para ella, sabrán de lo que hablo. Pero éste es un tema demasiado intrincado y desesperante, por lo que propongo que no se medite sobre ello durante la lectura de este libro. Sobre esto también deben aleccionar los jefes a sus doctorandos, preparándoles para el futuro que les espera.

No nos vamos a hacer ricos con la investigación

La captura del médico por el farmacéutico industrial y el resurgimiento de la polifarmacia seudocientífica son asuntos demasiado importantes para tratarlos al final de una conferencia.

W. Osler

Al menos no la mayoría. En este sentido abre el capítulo la cita de W. Osler. Hay investigadores que están en esto por amor a la ciencia o a la naturaleza, porque nunca terminan de colmar sus inquietudes, o responder a sus propias preguntas, o simplemente porque les gusta su trabajo, o creen que sirven para hacerlo y esto les da ánimos para seguir, muchas veces a costa de sacrificios cuya magnitud puede marcar la diferencia entre poder continuar y ser financiado, o tener que abandonar. Otros sin embargo, ven en esta profesión –a menudo tras llevar unos cuantos años en ella– una forma complementaria de lucro. Que no esperen los doctorandos grandes recompensas económicas –al menos en nuestro país– pero sí grandes satisfacciones intelectuales. Es difícil, pero el que piense en ganar más dinero que la media investigando, que trabaje más que la media, y por supuesto, esperemos que también lo merezca más que la media. Méritos y esfuerzo.

¿Qué es una Tesis Doctoral?

Las palabras Tesis Doctoral están normalmente relacionadas con los investigadores y con los laboratorios, aunque, evidentemente no es algo exclusivo de las ciencias. Por desgracia, la carrera científica sólo se conoce realmente cuando ya se está inmerso en ella, así que este libro sirve de aviso o de estímulo para aquellos estudiantes que no tengan claro qué es la cultura de la investigación científica, o como planificar su carrera profesional. Y puesto que una carrera científica tiene los días contados sin una Tesis Doctoral, pasaré a hablar ahora sobre ésta.

Para comenzar una Tesis Doctoral en un laboratorio, hay que saber primero qué es y sobre todo, hacia qué está enfocada actualmente. Aunque entraremos en detalles más adelante, una Tesis Doctoral es básicamente un trabajo de investigación científica.

La realización de una Tesis Doctoral es una —o la primera— oportunidad laboral que se presenta en los últimos años de carrera universitaria, o justo al finalizar esta. La posesión del título de Doctor parece indispensable para hacer carrera como profesorado universitario, y es una buena carta de presentación para un trabajo en la empresa privada.

Una rápida y simple definición de Tesis Doctoral en ciencias sería: un trabajo de investigación plasmado en un libro, realizado normalmente en un laboratorio, cuya relevancia y utilidad será expuesta y defendida por el autor —el doctorando— ante un tribunal compuesto por investigadores científicos.

La Tesis Doctoral es educación

Un gran número de personas, incluso en el mundo desarrollado, no tiene fácil el acceso a una educación de calidad, lo que les impide hacerse librepensadores. En la raíz de esa carencia de educación podemos hacer alusión a varios factores como: las restricciones económicas paternas durante la infancia o la adolescencia, el genotipo o el fenotipo físico o intelectual de los progenitores, el lugar donde se nace, las compañías o amigos de juventud, o incluso a un desengaño amoroso, la religión, una enfermedad, etc. Estos y otros accidentes vitales inhiben el desarrollo de librepensadores. Realizar la Tesis Doctoral debería ser como acceder a un nivel superior de aprendizaje y por lo tanto, tener la posibilidad de realizar una Tesis Doctoral es también un privilegio educativo al que pocos tienen acceso.

Si alguien tiene posibilidad de realizar una Tesis Doctoral y construirse una carrera científica, muy posiblemente habrá superado ya el listón de la mediocridad laboral e intelectual con la que un gran porcentaje de la población se conforma.

Evidentemente, un doctorado no implica un puesto de trabajo, pero aumenta las posibilidades de encontrarlo. Y como he dicho antes, el trabajo científico incrementa las posibilidades de ser un librepensador. Sí, librepensador, emancipado de las imposiciones de las circunstancias citadas anteriormente, como la clase social, la religión, la cultura, las tradiciones de los progenitores, etc. Por poner varios ejemplos, un científico tendrá menos posibilidades de pertenecer a la masa de personas que va a una manifestación sin saber el motivo de ésta. Tampoco acudirá a mítines políticos, de la forma en la que acuden personas arrastradas como borregos por la propaganda demagógica no procesada por sus cerebros. Por el contrario, buscará la verdad y la objetividad, y para ello utilizará el pensamiento crítico. Así son de "raros" los científicos. Tampoco es demasiado frecuente encontrar profesionales formados como investigadores o científicos que trabajen solo por dinero haciendo algo que no les gusta. Los hay, pero, o han abandonado la ciencia por alguna circunstancia profesional o personal –normalmente dramática o censurable– o, a la más mínima posibilidad, preferirían seguir descubriendo cosas.

Para hacerme una pequeñísima idea de lo que quería contar al hablar del doctorado, pregunté a una treintena de mis amigos algunas cosas sobre su aventura doctoral. Todos estos amigos habían realizado sus Tesis Doctorales en ámbitos muy diversos de las Ciencias, pero mayoritariamente en Microbiología. Las preguntas de mi nanoencuesta eran muy simples:

¿En cuántos años realizaste tu Tesis Doctoral?

¿Cuántas publicaciones has producido como primer autor, antes de finalizar tu Tesis?

¿En total, cuántos artículos han sido publicados del tema de tu Tesis?

¿Has realizado una estancia postdoctoral al finalizar la Tesis?

¿Qué puntuación, del 1 al 10, le das a tu manuscrito de Tesis?

¿Qué puntuación, del 1 al 10, le das a tu exposición y defensa de la Tesis?

El número medio de años empleados en la realización de la Tesis Doctoral, incluida la escritura del manuscrito, fue de casi 5 años (4,95).

El número medio de publicaciones antes de terminar la Tesis fue de casi 2 (1,84).

El número total de publicaciones producidas a partir del tema de Tesis fue de 3,35.

De los "interrogados", solo 3 no realizaron actividad postdoctoral científica. De los que si continuaron con su carrera investigadora, 18 realizaron su periodo postdoctoral en el extranjero y 10 en el propio país.

La autovaloración del manuscrito de Tesis fue de notable alto (8,03), y la valoración de la exposición y defensa de la Tesis Doctoral fue de 8,45.

Estos datos me sirvieron para llegar a unas conclusiones muy básicas. La primera es, que la mayor parte de los resultados de la Tesis Doctoral se publican una vez finalizada esta, tras un mínimo de cuatro años investigando. Por lo tanto, no hay que obsesionarse con publicar antes de terminar. Ocho doctores no publicaron ningún artículo antes de finalizar la Tesis y tres de ellos no publicaron tampoco ninguno al finalizarla.

La segunda conclusión, es que casi todo el mundo que hace Tesis, continúa su carrera con un periodo postdoctoral mayoritariamente en el extranjero.

Y la tercera conclusión, es que los doctorandos quedan bastante satisfechos con su manuscrito y con su actuación durante la exposición y defensa ante el tribunal de Tesis. Esto demuestra que la inmensa mayoría se encuentran muy bien preparados el día de la exposición y defensa de su trabajo. Por eso no hay que tener miedo ese día.

Estas respuestas podrían fácilmente ser una generalización de lo que ocurre con las Tesis Doctorales en España, en la actualidad. No me atrevo a firmarlo, pero no creo que ande muy desencaminada la cosa.

Tareas propias del doctorando

El perfeccionismo en las cosas que no lo merecen es, para algunos de nosotros, un malgasto de recursos.

T. Peters

Cuida el orden y el orden te cuidará a ti.

San Agustín

La relación entre el doctorando y su director de Tesis dudará años, de 3 a 5 por lo menos, como se refleja bien en la encuesta del apartado anterior. El equilibrio ideal para la realización de una Tesis Doctoral, es aquel en el que el doctorando y su director llegan a un acuerdo. Este acuerdo obliga al director a formar al doctorando y a procurar que esta formación ayude de manera importante en las primeras etapas como investigador postdoctoral de su pupilo. Por parte del doctorando, se aportará sacrificio y dedicación. Este acuerdo mutuo beneficia a ambos por igual. Al director, proporcionándole prestigio, publicaciones, y manos que realicen el trabajo implícito de sus proyectos. Al doctorando, una formación altamente especializada y de calidad, y por supuesto, un *curriculum vitae* que le permitirá continuar con suficiente garantía su carrera investigadora.

55

Ambos deben tener esto claro

El beneficio mutuo es el objetivo a alcanzar, tanto cuando las cosas van bien y el laboratorio es productivo, como cuando las cosas se tuercen y la presión y el estrés hacen su aparición. Para que este beneficio se materialice, es necesario un diálogo tranquilo, fluido y constante entre ambos, durante toda la Tesis Doctoral. En muchos laboratorios, la presión por obtener resultados y publicar artículos supera la capacidad o los nervios de algunas personas. En otras ocasiones, las relaciones personales llevan al enfrentamiento entre becarios, entre el becario y su director de Tesis, o entre los becarios y el director del laboratorio. Esto ocurre.

Hay varias cuestiones que el doctorando debe tener claras. Quizás la más importante, es que él es el responsable de que su Tesis avance, no su jefe. Y también, que hay que terminar la mejor Tesis posible en el tiempo estipulado. Si no sabe escribir un texto científico, tendrá que aprender. Si no sabe debatir sobre los experimentos, tendrá que practicar con sus compañeros. Si no sabe discutir en público, tendrá que pedir consejo, o leer algún libro sobre retórica para poder utilizar los recursos semánticos del lenguaje científico. Y si no tiene conocimiento suficiente sobre el contexto global de sus investigaciones, deberá leer más artículos científicos de los que ha leído, e integrar toda esa información, para ofrecer conclusiones sobre las investigaciones realizadas durante su trabajo.

La Tesis es un trabajo del doctorando. El director de Tesis no puede realizarla, escribirla o defenderla en lugar del doctorando. El tribunal va a juzgar el trabajo y la exposición del doctorando, no al jefe que ha tenido, haya sido bueno o malo. Es una cuestión de madurez y de comienzo de la profesionalidad.

Las tareas de ambos, doctorando y director, son múltiples y requerirán esfuerzos físicos y mentales. Veamos algunas de ellas.

Es siempre necesario recordar que el doctorando tiene unos objetivos distintos a los del jefe, pero complementarios. Quizás el objetivo principal es doctorarse, pero hay unos objetivos secundarios no mucho menos importantes. Entre ellos, aprender a investigar, aprender el mayor número posible de técnicas y métodos y sobre todo, aprender a utilizar la intuición y el sentido común, un sentido común que a priori todo ser humano tiene —aunque en algunos sea escaso—. Además, debe procurarse un *curriculum vitae* potente, que indique productividad. El título de doctor vale poco o nada sin las otras habilidades.

Arriesgándome a una comparación con la bolsa de valores económicos, la realización de la Tesis Doctoral es una inversión de años, donde el principal inversor es el doctorando, que al principio no sabe muy bien en qué producto está invirtiendo. Al final, el beneficio se refleja en la experiencia, el *curriculum vitae* y la reputación científica que el propio doctorando se construye. Y lo invertido es, principalmente, tiempo y esfuerzo. Si la Tesis Doctoral no se termina, el doctorando habrá perdido sobre todo, ese tiempo invertido. Si no se termina la Tesis en el primer laboratorio donde se empieza, puede que el doctorando haya aprendido cosas, sí, pero si quiere obtener su doctorado, deberá comenzar de cero en otro laboratorio, posiblemente en algo diferente a lo que había hecho hasta ahora, con lo cual, el esfuerzo —otro de los preciosos bienes invertidos— habrá sido prácticamente en vano.

El director también invierte cuando decide dirigir una Tesis Doctoral. Si finalmente ésta se termina, se defiende y se publica en un tiempo y forma satisfactorios, el director dará por bueno el trabajo y sus beneficios anteriormente citados, pero, si la Tesis no se termina, habrá dedicado tiempo y recursos de su laboratorio a un trabajo que posiblemente no pueda ser aprovechado en su totalidad, ni para nada, ni por nadie.

El doctorando no debe someterse sin rechistar a trabajos única y exclusivamente técnicos, como si de una cadena de montaje de una fábrica se tratara. Solo por poner unos ejemplos, en un laboratorio de Microbiología los doctorandos no deberían sólo limitarse a hacer mutantes de tal o cual proteína, en una u otra especie bacteriana. En un laboratorio de Entomología, los doctorandos no deberían sólo centrarse en el recuento de los individuos de una población, el estudio de sus trayectorias, o en la medición del diámetro de sus anos (aunque el ano de un insecto pueda poseer unas importantes características taxonómicas). Al terminar la Tesis, seremos muy buenos —o los mejores— haciendo mutantes o contando insectos, o larvas, pero poco más. Estas tareas robóticas y sistemáticas son dignas de una cadena de montaje que solo implica autómatas programables, y, cuanto menos estimulante sea una técnica, más posibilidades hay de que termine por aburrir, que se termine odiando, o que desesperadamente se busque una máquina que la realice. En esos casos, el doctorando debe exigir un grado de formación y un trabajo heterogéneos, en el mayor número de técnicas posibles, aunque no posean una aplicación inmediata. Evidentemente, sin perder el tiempo y aunque tengamos que viajar a otros laboratorios para aprenderlas. Si el jefe está demasiado ocupado para enseñarlas, los compañeros de laboratorio son un valiosísimo tesoro. El doctorando debe tratar de aprender todo lo posible de sus compañeros de grupo y a su vez, enseñar a los más jóvenes cuando les toque. Hoy me enseñan a mí, mañana enseñaré yo a otros. Eso crea grupo, fortalece el equipo.

El doctorando también tiene que proponer las reuniones con su jefe, para hablar del estado de los experimentos, si avanzan o no y si ya está en ello, de la escritura de la Tesis —si madura o no—. También para plantear nuevos y diferentes experimentos, para lo cual es imprescindible leer muchos artículos, ya que solo si tienes mucha información puedes ofrecer muchas alternativas. Normalmente, el jefe suele estar muy ocupado, y debe ser el doctorando el que tome la iniciativa e insista en fijar reuniones, incluso para comunicar resultados negativos de sus investigaciones. Si un doctorando se cohíbe, retrasando las reuniones o escondiendo resultados, corre el riesgo de caer en el ostracismo con respecto a otros de sus compañeros. No hay que tener miedo. El comunicar a tiempo un estancamiento en los experimentos o en la redacción de la Tesis, puede ahorrar mucho esfuerzo inútil, no solo al propio doctorando, sino a todo el grupo. Y a medida que pasan los meses, el tiempo se convertirá en oro. El oro es un metal precioso que enseguida escasea. El pánico a comunicar es un ejemplo claro de que el miedo no ayudará a la supervivencia científica del doctorando. Además, si el doctorando deja en manos del jefe la imposición de los seminarios obligatorios, éste puede injertar incluso varios en una semana, lo que supondrá mucho estrés adicional para el grupo. La repetitividad conlleva a una disminución de la asistencia y a un incremento de la ineficacia. Por lo tanto, deben ser los becarios los que tomen la iniciativa, y plantear reuniones a las que estén preparados para asistir, sin temor a una imposición, que repito, suele ser implacable y estresante.

Además de los seminarios, están los vis-à-vis. En la mayoría de reuniones cara a cara con el "mentor", si se realizan de modo cordial e incluso distendido, éste suele ofrecer consejos muy constructivos, citas memorables e incluso anécdotas sorprendentes y enriquecedoras de la vida en el laboratorio, que por supuesto suelen agradar al doctorando y elevar su ánimo, sobre todo después de cometer alguna chapuza, o de portar malas noticias sobre la marcha de su trabajo. Como es más experimentado, el jefe siempre tenderá a buscar el lado productivo de las discusiones, y basará sus decisiones en evidencias, que deberían ser interpretadas claramente por el doctorando y por el grupo. Al menos esa es la teoría, porque algunos jefes necesitan imperativamente tener razón y desechan alegremente cualquier sugerencia de sus doctorandos –incluso las más razonables–. Allá ellos. Otras veces los jefes presionan porque quieren sacar lo mejor de sus doctorandos, por lo que, aunque algunas reuniones sean bastante desagradables, hay que intentar sacar algún beneficio de ellas.

El doctorando también debe colaborar e intervenir con firmeza en los seminarios del grupo, sin miedo a exponer resultados negativos, o un escaso avance en sus experimentos. Debe reconocer y abortar cualquier actitud pasiva, intentando asistir a los seminarios no solo porque su ausencia pueda ser motivo de reprobación por el jefe, sino para realizar todas las preguntas que sean necesarias sobre el contexto científico en el que se encuentran él y su grupo. Las preguntas en los seminarios enriquecen a quien las plantea, a quien le son planteadas y a los demás compañeros que escuchan. También las respuestas claro, que son beneficiosas para todo el grupo. Además, con muchas preguntas puede iniciarse una lluvia o tormenta de ideas (*brainstorming*) en torno a los diferentes temas planteados, lo que puede ayudar a la creatividad individual y colectiva, e incluso a solucionar problemas que afectan a las líneas de investigación que sigue el grupo.

Por otro lado, hay seminarios o reuniones de grupo que son absolutamente devastadoras para la moral de la tropa. Tras su término, algunos doctorandos sienten el deseo de irse y no volver. Esto sobreviene normalmente cuando el jefe observa una actitud pasiva, u observa falta de interés en sus doctorandos, y monta en cólera. Sobre todo cuando cree que el laboratorio marcha bien y el seminario le demuestra que es todo lo contrario.

Puede que los experimentos no salgan, que se cometan errores de bulto, que el fungible se gaste, que los ratones se mueran, o que los reactivos se estropeen, pero lo que no va a permitir un jefe es el pasotismo, la dejadez, y la falta de interés. Y ante esto, la solución está solo en manos de los doctorandos y no la aportará ningún castigo, reprobación o ejecución pública. Para que esto último no ocurra, todos los miembros del grupo —pero en especial los técnicos y los doctorandos— deben mantener el laboratorio operativo. Siempre hay alguien que "pasa", pero en general, con un ligero aporte de cada individuo, el laboratorio se mantendrá relativamente en funcionamiento, no se traspapelarán las facturas, no se extraviarán muestras, no habrá pedidos repetidos, etc. Últimamente hay programas informáticos a través de los cuales todos los miembros del grupo pueden conocer en tiempo real el estado del laboratorio. El manejo de programas informáticos y software como Quartzy, LabCollector, LabLife-LabGuru o iLab permite coordinar las reuniones del grupo, compartir los protocolos del laboratorio o imágenes de experimentos, planificar ensayos, hacer un inventario del material, organizar y comprar productos y reactivos, tener localizadas las muestras en los congeladores y construir la bibliografía del laboratorio a base tanto de artículos del grupo, como de artículos importantes para sus miembros. Además, estos programas permiten una actualización rápida de la vida del laboratorio, que podremos controlar a través de nuestro teléfono, ordenador o tableta, mientras nos encontramos de viaje, de vacaciones o en algún congreso. Por lo tanto, estos paquetes se antojan como una herramienta muy útil tanto para los doctorandos, que tendrán todo organizado y bajo control, como para los jefes que están ocupados pero quieren estar al tanto de lo que pasa día a día en el laboratorio. Hay algunos gratuitos y otros con un coste razonable.

La autocrítica aperiódica de cada miembro del grupo es algo muy importante. De cuando en cuando, hay que plantear directamente una serie de cuestiones a uno mismo y posteriormente a los compañeros y al Director de Tesis: que hemos hecho, que estamos haciendo, que es lo que queremos hacer, y lo más importante, que nos sentimos capaces de poder hacer, es decir ¿cómo está nuestro ánimo? Todas estas cuestiones deben ser contestadas desde el más absoluto realismo, pero primero, por uno mismo.

Conocer las técnicas

Quizás, el requisito principal que debe cumplir el doctorando es demostrar que es capaz de realizar un trabajo de investigación de forma independiente. Para ello, su Tesis Doctoral debe reflejar los resultados del trabajo realizado en el laboratorio, que medios se han utilizado para conseguir esos resultados, y que implicaciones tienen para su área de estudio. El doctorando debe conocer las técnicas que él refleja por escrito en su Tesis Doctoral.

Además del trabajo físico independiente del jefe o de compañeros más expertos, el doctorando debe analizar mentalmente todas las técnicas que realiza, comprendiendo el significado intelectual que desprenden, en base a los resultados que obtiene. Esto es, debe ser capaz de razonar con rigor lo que está haciendo y qué es lo que está obteniendo con ello, sin esperar que otros aporten sus conocimientos. Esta es la base de la crítica científica y el rigor que el doctorando debe macerar dentro de su propia cabeza.

A medida que avanza la lectura bibliográfica, los experimentos, y los meses de trabajo, el doctorando debe conocer quién es quién en su área. Por eso, también es conveniente que el doctorando se preocupe por conocer, o ir conociendo, las técnicas que se realizan en otros laboratorios, afines a las líneas de investigación del tema de su Tesis. En este caso, sería muy oportuno plantear una estancia en algún laboratorio externo, aunque sea de corta duración, para aprender esas técnicas, que pueden desatascar alguno de los callejones sin salida en los que hemos entrado durante los experimentos. De hecho, algunas veces el doctorando no podrá realizar física o materialmente algunas técnicas y éstas deberán realizarse en otros laboratorios, o por otros doctorandos o investigadores. Pero, si son incluidas en la Tesis Doctoral, el doctorando que la escribe debe conocerlas. No vale con decir "eso se ha hecho en otro laboratorio", o "ese experimento lo realizó un compañero". Esto no vale. No es serio. Al menos hay que conocer esas técnicas. Lo mejor posible.

El estudiante de doctorado debe comenzar a tener un pensamiento crítico cuanto antes, no solo de lo que lee, o del trabajo experimental que realiza, sino también respecto a lo que es relevante para su trabajo y lo que es solamente tangencial al tema de su Tesis. La inmersión en el mundo científico sugiere durante toda la vida profesional multitud de ideas interesantes y potencialmente importantes para nuestras líneas de investigación, pero, al igual que en otros aspectos de la vida donde no podemos tener todo lo que queremos, tampoco durante nuestra vida de investigador podemos hacer todo lo que se nos ocurre. Nos guste o no, tenemos que asumirlo. Aunque nadie nos impide anotar nuestras ideas y guardarlas en un cajón para el futuro, nuestra prioridad debe ser terminar el doctorado, realizando aquello que estrictamente marcan las fronteras de nuestro tema de Tesis. Si en un futuro alcanzamos una seguridad laboral y económica que nos permita dispersar nuestros pensamientos y rescatar de ese cajón las antiguas ideas, es que habremos llegado hasta ahí tras cumplir con la mayoría de nuestros objetivos previamente bien definidos. El único motivo por el que un doctorando puede dar un rodeo al tema de Tesis debe ser una buena publicación, y si es posible siendo el primer autor. De poco vale ayudar en exceso a un compañero en sus tareas si obtenemos un beneficio mínimo, que no compensa el tiempo que hemos dejado de dedicar a nuestra propia Tesis. El jefe debe sobrevolar estas colaboraciones internas para observar a cada doctorando, compensando esfuerzos y ayudas cruzadas.

El doctorando debe afrontar todos los experimentos pendientes y terminarlos, incluso aquellos que lleva largo tiempo evitando. No solo pueden ser importantes para la Tesis, sino también para terminar algún artículo. Un artículo más en el CV puede ser la diferencia entre conseguir o no conseguir el siguiente contrato o beca.

El doctorando puede ser llamado a mantener el orden en su escritorio y en su zona de trabajo. El exigido orden responde a cuestiones estéticas más que a cuestiones prácticas y muchas veces obedece a manías o afán de perfección y pulcritud, que en muchas ocasiones se tienden erróneamente a considerar rentables. El ejemplo más claro es la frase que hemos citado al comienzo del capítulo: *guarda el orden y el orden te guardará a ti*. El problema surge cuando la obsesión por el orden y la limpieza adquiere dimensiones patológicas y altera la armonía del laboratorio, generando incluso hostilidad. Lo que parece sucio para el jefe, o para algunos doctorandos, puede que no lo parezca para otros. Lo que parece desordenado para unos, puede que no lo esté para otros. Cada persona es diferente y el grado de orden de las cosas que hay sobre una mesa, o la pulcritud de una superficie, son propiedades medibles, pero los baremos son distintos en cada individuo. El problema es que no todos utilizan el mismo criterio. ¿Cómo hay que ordenar las cosas? Por tamaño, por forma, por color, por función, por facilidad para encontrarlas. ¿Hasta cuándo hay que limpiar? ¿Hasta que no se vea suciedad? ¿Hasta que una superficie esté aparentemente limpia, pulida, descontaminada? ¿Con qué hay que limpiar, pulir, descontaminar? ¿Se puede medir el grado de suciedad? ¿Debemos emplear nuestro tiempo en hacerlo? ¿Cuál es el umbral de suciedad o desorden que nos permita trabajar sin problemas? ¿Sabemos distinguir entre sucio y desordenado? ¿Cuándo algo está suficientemente limpio o suficientemente ordenado? Lo que está desordenado para unos, puede estar sucio para otros. Lo que está sucio para unos, puede tan solo estar desordenado para los otros. Hay quien piensa que incluso el orden excesivo es perjudicial, ya que, con todo ordenado, se hace innecesario pensar dónde están las cosas y se esgrime el argumento de que los doctorandos deberían utilizar su mente en todo momento. El quid de la cuestión es mantener unas zonas de trabajo presentables y prácticas a la vez. La realización de varios experimentos al mismo tiempo, la utilización de muchas herramientas y reactivos, o la lectura de múltiples artículos a la vez, hace que sea poco práctico devolver cada reactivo o cada tubo de ensayo a su sitio de inmediato, o archivar una publicación cada vez que se consulta algo en ella. Por lo tanto, muchos doctorandos mantienen zonas de trabajo muy pobladas, con "aparente" desorden y zonas de escritura llenas de artículos esparcidos "aparentemente" al azar. Si esta anarquía –dentro de unos límites– es productiva, la estética puede sortearse. Muchas veces los resultados priman sobre la estética.

El doctorando debe preocuparse de crear su propia impronta técnica. En muchos casos, sobre todo al principio de la Tesis cuando el doctorando empieza en el laboratorio, los miembros más antiguos y expertos le adiestrarán en las diferentes técnicas en las que ellos mismos han sido adiestrados. Muchos, incluso el propio Director de Tesis, le sugerirán que tome nota de todo y que haga "lo que ellos dicen, no lo que hacen". Esto quiere decir que cuando alguien explica un protocolo real, o un experimento *in situ*, este experimento se puede "repetir", o "reproducir", pero nunca saldrá "exactamente igual". Esto es un poco filosofía y realidad a la vez. Es decir, un experimento es prácticamente irrepetible –o sin prácticamente– ya que las estrictas condiciones físicas-espacio-temporales en las que se realiza cambian por el mero paso del tiempo. Muchos doctorandos e investigadores han hecho la prueba. Dos personas a la vez haciendo el mismo experimento, en el mismo laboratorio, en el mismo momento, siguiendo el mismo protocolo. A uno le sale bien, y a otro no. Incluso, aunque el resultado cualitativo sea el mismo, cuantitativamente puede variar, aunque sea a nivel ínfimo. No solo podemos buscar gran cantidad de variables diferentes como escusa (pureza de reactivos, estado y conservación de las muestras, variabilidad de los animales de experimentación, posibles mutaciones en microorganismos, temperatura ambiente, etc.) Además, existe la variable fenotípica inherente al experimentador. Cada persona es diferente, cada persona ha aprendido a realizar un experimento de una manera especial, en un tiempo y una forma especiales, bajo presión, bajo algún tipo de malestar u enfermedad física, con su mente pensado en algún problema grave, absolutamente relajado o estresado, y ha almacenado ese ejemplo, ese protocolo, esa técnica, en su memoria, de manera diferente (aunque no pretendo entrar en la comprensión de la bioquímica del cerebro). Y a la hora de reproducir lo que hemos aprendido, el experimentador vuelve a estar en unas condiciones físicas y ambientales diferentes (bajo presión, estrés, mal humor, desesperación, frustración, euforia, cansancio, etc.). En resumen, el doctorando va a "personalizar" lo que aprende, sea teoría o práctica, sean conceptos o definiciones escritas en un artículo o libro, o simplemente, la manera de realizar un experimento. Entonces, el cuaderno de laboratorio debe reflejar exactamente "como realiza él esa técnica". Y el reto del doctorando es también facilitar la comprensión de la técnica o de sus experimentos a quien esté interesado en ellos, bien sea *un nuevo doctorando* que vaya a continuar nuestro trabajo en el laboratorio, o un *investigador ajeno*. El primero empleará nuestra Tesis Doctoral, y el segundo, nuestros artículos publicados, para "personalizar" de nuevo sus investigaciones.

El laboratorio es un lugar con gran cantidad de productos y aparatos. Algunos de los productos son muy escasos, muy valiosos, o muy frágiles. Algunos de los aparatos son complejos, o requieren un manejo cuidadoso. El jefe del grupo puede asignar a cada miembro del laboratorio la tarea de ocuparse de algún reactivo o aparato en concreto, y de transmitir enseñanzas sobre su uso o manejo. Esto ofrece a todos los miembros del grupo la posibilidad de participar en una o varias responsabilidades para optimizar el mantenimiento del laboratorio, lo que debe ser un ejercicio de rigor y buenas prácticas, que indicará cierto grado de madurez. Además, se libera al jefe de esas tareas, con lo que puede dedicar tiempo a, por ejemplo, la corrección y envío de artículos. Cada doctorando debe ser consciente de que su responsabilidad individual, sumada a la de sus compañeros, repercutirá en la cohesión y la productividad del grupo y por tanto en su beneficio individual. Si el laboratorio va bien, a ese doctorando le irá bien. Si el laboratorio va mal, a ese doctorando también le irá mal. Y si algo en concreto no funciona, hay que decirlo cuanto antes para que se pueda solucionar, evitando en lo posible la dichosa manía de señalar el problema, pero no acompañar esto de alguna posible solución.

Si los doctorandos no entienden algo escrito en un artículo, también deben solucionar esto. No importa el tiempo que tarden, pero deben entenderlo. Básicamente, leyendo otras fuentes o preguntando. Deben preguntar evidentemente a su jefe, a sus compañeros, a vecinos de otro laboratorio, a investigadores del propio centro, a investigadores que realicen tareas relacionadas con el problema en cuestión, o incluso a las fuentes del problema, es decir, a los autores de los artículos en donde los doctorandos se han atascado con algo. La mayoría de científicos son gente sensata y de buena fe. Aceptarán ayudar muy fácilmente sin pedir nada a cambio. Incluso, muchos se sienten enormemente útiles de poder aportar sus conocimientos a gente extraña, que nunca han visto o que nunca verán. Simplemente, un joven investigador o un futuro compañero solicitan ayuda y hay que proporcionarla. En la mayoría de los casos, esta ayuda es en forma de solución a problemas conceptuales o teóricos. En otros casos, se trata simplemente de reactivos. Los científicos suelen estar orgullosos de que sus investigaciones sean útiles a otros científicos, aún a costa de dedicarles un tiempo extra. Que mejor recompensa que un trabajo útil para la sociedad y para los compañeros de profesión.

No basta con que un doctorando diga que "intentará ser eficaz" en su trabajo. Si lo intenta, puede que lo consiga, o puede que no. Por lo tanto, un doctorando "tiene que ser eficaz". Existen libros sobre como optimizar el tiempo. La mayoría son libros para empresas, de autoayuda, o de coaching, sobre cómo ser eficaz, eficiente, organizado, efectivo, etc., pero el mejor coach de un doctorando debe ser su director de Tesis. El consejo aquí es que se utilice simplemente el sentido común y una intensidad sostenida durante el trabajo de laboratorio, que permita alcanzar el mayor número de objetivos posibles. Estos objetivos pueden ser tan numerosos como los experimentos del día a día, aunque pueden resumirse en uno, terminar una buena Tesis Doctoral con el mejor CV posible. No hay libro que ayude tanto como el levantarse motivado por la mañana y acostarse satisfecho del trabajo realizado por la noche. Para ello, el trabajo de laboratorio tiene que gustarnos; y si nos gusta, muy posiblemente seremos eficaces y productivos. Eso es todo.

Muchos doctorandos entran a trabajar en un laboratorio de investigación gracias a una beca. Esta beca les ha sido concedida generalmente porque han estudiado bien durante la carrera universitaria y su expediente es merecedor de tal condecoración. Esto hace que el laboratorio de acogida no tenga que pagar su salario. Por lo tanto, la admisión de este tipo de doctorandos puede ser interpretada erróneamente en algunos casos –pocos– como una fuente de mano de obra barata. Un doctorando tiene que dejar claro que no es simplemente mano de obra barata, que está ahí para formarse, y debe exigir a su jefe la misma atención que éste dedica a los asalariados de sus proyectos, que sí le cuestan dinero al grupo. Exigir es una palabra que puede resultar un poco fuerte. La mayoría de doctorandos aspiran ansiosamente a un puesto de trabajo, o a una oportunidad para meter el pie en un nicho que creen maravilloso, como puede ser el caso de un laboratorio de investigación, por lo que tratarán de evitar cualquier conflicto que les enfrente con sus jefes, aunque encuentren el comportamiento de éstos completamente fraudulento. Hay que tener en mente, durante la realización de la Tesis Doctoral, como se ha entrado en un laboratorio y como se debe salir de él. Siempre, siendo tratados como personas.

Por último, una de las mayores metas del doctorando debe ser su emancipación mental, la independencia intelectual de su jefe. Esto puede no suceder nunca durante el periodo doctoral, pero es muy aconsejable para el futuro, que se alcance al menos a su finalización. A parte de necesitar un ingente número de publicaciones, la probabilidad más alta de sobrevivir en ciencia proviene de no depender mentalmente de nadie. Hay que saber buscar las soluciones a los problemas. Las soluciones están ahí, en los artículos, en los libros, en la red, en los laboratorios vecinos, o al otro lado del océano. Tenemos internet y las redes sociales para preguntar, teléfono y Skipe. Si hay que aprender algo, nos ponemos a ello y lo aprendemos. Evidentemente, hay que dedicar cierto tiempo a escudriñar páginas web que contienen posible información útil. Blogs, páginas de empresas que venden productos de laboratorio y que suelen contener artículos científicos o *white papers* sobre sus productos (guías con el objetivo de ayudar a los lectores a comprender como funcionan) e-books, podcasts, foros de discusión, presentaciones y seminarios disponibles on-line y vídeos tutoriales de YouTube.

Tareas propias del Director de Tesis

Actualmente, el director de una Tesis Doctoral es el que elige el tema sobre el que versará la misma. En pocas ocasiones es ya el doctorando el que propone dicho tema. Esto es debido a que, por norma general, los temas de investigación a tratar en un laboratorio contemporáneo son propiedad de los proyectos de investigación que los financian, por lo que no hay mucho margen para la elección.

Los recién egresados podrían encontrar un tema de Tesis de su pleno agrado hablando con profesores de la carrera, con investigadores, o buscando en las páginas web de los laboratorios de investigación de facultades, hospitales, entidades gubernamentales, o incluso de empresas privadas. Si esos estudiantes quieren trabajar en un tema concreto, o bien porque es un tema que les ha apasionado durante la carrera, o porque es un tema que les resulta mentalmente satisfactorio, deberían buscar en qué laboratorio se estudia dicho tema. El problema actualmente, es que se busca siempre primero la oferta laboral para realizar una Tesis, sin importar el tema de la misma. Así, uno corre cierto riesgo de condenarse a trabajar en un tema que luego le puede resultar aburrido, o que no sea estimulante.

Ya que el jefe conoce perfectamente como orientar el trabajo —o debería— presentará el tema de Tesis de una forma que al doctorando le resulte atractiva, señalando las ventajas e inconvenientes de la futura investigación, con los potenciales puntos fuertes y débiles, e intentando no comprometerse a realizar trabajos sin porvenir, ni tampoco trabajos que garanticen el premio Nobel. Es decir, con realismo y sinceridad.

El primer contacto entre el jefe y su futuro doctorando transcurre durante la entrevista personal para el puesto.

Por parte del jefe, la única herramienta de diagnóstico de la capacidad de un candidato es valorar su expediente académico y posiblemente su mínima experiencia laboral. La experiencia previa en un laboratorio ayudará mucho al director, que podrá ver de inmediato la potencial productividad del candidato. En la mayoría de los casos, los recién egresados solo cuentan con su expediente académico. Por lo tanto, el jefe deberá jugar a una especie de ruleta rusa, donde tiene que elegir a un candidato a ciegas, de entre todos los que se han presentado. Como para cualquier puesto de trabajo, la literatura sobre cómo encarar entrevistas laborales es muy extensa y aquí no dedicaré tiempo a ello. Únicamente señalar que a los jefes les encanta ver entusiasmo en los ojos de los candidatos. Como escribió Bertrand Russell en su "conquista de la felicidad", el entusiasmo es el rasgo más universal y distintivo de las personas felices; y los jefes quieren reclutar para sus laboratorios a personas aparentemente felices.

Muchas veces, lo más difícil de la Tesis Doctoral para un joven investigador es mantenerse motivado. Por lo general, una vez contratado el doctorando, éste se encontrará en la primera o primeras charlas con su jefe, en un estado de shock alegre, o incluso envalentonado, aunque desconozca la mayoría de cosas sobre las que le hablan. Asentirá con la cabeza a todo y solo verá retos alcanzables e interesantísimos. Esta actitud puede ser reflejo de motivación e ilusión y será trabajo mutuo el mantenerla todo el tiempo posible. Si director y doctorando permanecen motivados, interaccionarán mejor y de manera frecuente.

Un jefe debe poder detectar fácilmente cuando un doctorando duda de sus aptitudes hacia la investigación, o cuando simplemente carece de ellas. Las dudas sobre la vocación científica muchas veces vienen implícitas, pero otras veces aparecen una vez iniciado el camino. Ante ellas, la única solución es la conversación sincera y constructiva entre el doctorando y su jefe. Tantas conversaciones como sean necesarias. Eso sí, hay doctorandos en los que la vocación científica no existe, ni existirá nunca. Entonces, hay quien emplea la frase: no se puede enseñar a cantar a un cerdo, porque se pierde el tiempo, y se molesta al cerdo.

La tarea más noble e importante del director de Tesis es conseguir que sus doctorandos expresen entusiasmo por lo que están haciendo, y por la búsqueda, absorción e integración de conocimientos. Un jefe puede hacer trabajar más a sus doctorandos, pero no por ello los hará trabajar mejor.

El jefe debe ilusionar. Un jefe con cara de pena, que se queja todo el tiempo, o que no celebra con su grupo los éxitos, no ilusiona a nadie. Es un espejo en el que no querrán reflejarse sus discípulos.

El jefe debe saber dotar al laboratorio de un ambiente agradable donde se establezcan relaciones sociales enriquecedoras, evitando las distracciones, con vistas a estimular no solo la productividad, sino también la creatividad, que es una cualidad igual de apreciada en los investigadores.

El director de Tesis debe proveer al doctorando de las herramientas imprescindibles para que realice cómodamente su trabajo. Evidentemente, una bata de laboratorio, material de protección e higiene, un espacio físico —a ser posible permanente— en donde realizar los experimentos de bancada y un espacio para las tareas de lectura y escritura. Actualmente, no se comprende que un doctorando no disponga de su propio ordenador. Algunos jefes antediluvianos indican que las cuestiones informáticas deben dirimirse en casa y que el laboratorio se consagre solo a la experimentación. Esto es un error. Hoy en día no se concibe un trabajo de laboratorio sin una consulta informática constante. Muchos datos obtenidos en el laboratorio se almacenan en formato digital para ser exportados y editados directamente en un ordenador. Para la búsqueda de bibliografía, lectura de artículos y tratamiento de textos, un puesto informático individual se antoja imprescindible. Mucho más cuando se acerca la hora de escribir el manuscrito de Tesis. Evidentemente, los ordenadores también son una fuente de esparcimiento y distracción, pero ante la ausencia de éstos, los becarios podrían recurrir igualmente a un Smartphone o a una tableta, que son por el contrario, mucho menos prácticos que los ordenadores. Un ordenador para trabajar forma parte ineludible del starting kit del becario.

El Director de Tesis "debe estar". Debido a ambiciones políticas, a una personal hiperactividad, al exceso o al ansia de acaparar compromisos laborales, o la dedicación compartida –por ejemplo, con la docencia en la Universidad o en un Máster– algunos jefes de laboratorio son directores fantasmas. Su presencia se siente en el ambiente, incluso su alma infunde temor, pero físicamente no están, son espectros que se materializan cuando ya casi ni se les espera, en la noche, o incluso algún fin de semana. Cuanto más largas son las ausencias, mayor es el temor que infunde su posible aparición. Y durante esas ausencias, sus becarios están desamparados, buscando ayuda y refugio en otros compañeros, jefes o postdoctorales de laboratorios vecinos. Imposible avanzar en los experimentos con una dirección ausente. La telepatía no es aún posible. Los becarios se desesperan si no consiguen una comunicación razonablemente fluida con su director.

Si los doctorandos llevan dos o tres años en el laboratorio, ya estarán acostumbrados a los jefes fantasmas, y sabrán buscarse la vida —o al menos deberían saber hacerlo—. Pero los recién llegados, perderán horas y horas leyendo sin parar, o intentando acoplarse a los experimentos que realizan sus compañeros. Estos jefes fantasmas desconocen la realidad de lo que ocurre en sus laboratorios, creyendo que su prole está completamente dedicada a la causa científica. Luego llegan las sorpresas.

El Director de Tesis debe conocer que investigador es capaz de ayudar a desatascar una técnica que no funciona, o por lo menos, en que laboratorio se realizan ensayos que pueden hacer avanzar una Tesis. Si es necesario, se podrá dividir el problema importante en tantas partes constituyentes como sea necesario, para que el doctorando pueda resolverlo más fácilmente, aunque ello implique la colaboración o la visita a otros laboratorios.

Un director de laboratorio debe tener también la capacidad de poner en práctica o de sugerir ideas para que las investigaciones progresen. Si éste recurre asiduamente a las ideas de posdoctorales o doctorandos del laboratorio, mala señal. Si el actual doctorando sigue una línea de investigación establecida y consolidada por doctorandos que le han precedido en un tema concreto, el director debe conocer y advertir sobre los errores que éstos han cometido en el pasado, ya que la lectura de Tesis anteriores puede advertir sobre los resultados obtenidos, pero no sobre los experimentos realizados pero no incorporados a la Tesis.

El director de Tesis debe velar porque sus doctorandos adquieran la máxima y la más diversa formación posible. No debe caer en la tentación del lujo de tener a un doctorando realizando la misma técnica mes tras mes, año tras año, con la excusa de que ésta es esencial para la consecución de un experimento clave. Pongamos por ejemplo, que un director de Tesis está empeñado en descifrar el papel de una proteína de tipo A, y que la predicción de una nueva aplicación informática ha informado que podría interaccionar con otra proteína de tipo B. Si tras tres años de experimentos no hay resultados prácticos en el campo de las interacciones de proteínas, todos salen perdiendo. El director de Tesis no tendrá su ansiado resultado. El doctorando habrá perdido su tiempo, y solo tendrá resultados negativos, posiblemente impublicables. Y lo que es peor, solo sabrá trabajar con un número limitado de técnicas que impliquen interacciones entre proteínas. El futuro de este becario estará principalmente marcado por el escaso número de técnicas que ha aprendido; y el número de laboratorios que se dedican exclusivamente a las interacciones entre proteínas no es demasiado alto. Hay que diversificar.

Si los doctorandos trabajan duro y bien, esto tiene que animar al jefe del grupo a compensar sus sacrificios, principalmente con el traspaso de conocimientos y la dirección constructiva, y seguidamente, con el incremento cualitativo y cuantitativo del *curriculum vitae*. La impronta intelectual y científica que se imprima en la mente del doctorando le acompañará toda la vida y la parte curricular será el primer punto de partida evaluable de su carrera científica. Los directores de Tesis mediocres –o malos– a menudo descuidan alguna de estas dos tareas. Además, la máxima aspiración y satisfacción de un Director de Tesis es ver que sus doctorandos les superan científica o laboralmente. Es un orgullo que un hijo se abra camino en la vida y consiga logros más importantes que los que ha conseguido su padre. Esta esperanza de superación depositada en nuestros doctorandos muchas veces se frustra a medida que avanza la Tesis, cuando el director se va dando cuenta de quien, de entre sus discípulos, vale o no vale para la carrera investigadora.

El cine de zombis es un subgénero del cine de terror muy recurrido últimamente, que ilustra bien lo que quiero plantear a continuación. El director de Tesis no quiere –o debería evitar– que sus doctorandos se conviertan en doctores zombis. Los zombis (zombies en inglés) son muertos vivientes (las causas de la resurrección pueden ser múltiples, desde el vudú, hasta un virus mutante…). Estos muertos resucitados vagan aleatoriamente por el mundo sin otro propósito que buscar algo que morder –normalmente carne humana–. En el caso de los doctores zombis, después de un paso sin pena ni gloria por un laboratorio para realizar una Tesis Doctoral, vagan perdidos en busca de trabajo, sin tener clara su utilidad a la causa científica, sin saber siquiera si les gusta o no la ciencia, con un CV insuficiente que no les permite optar a buenas posiciones laborales y sin una formación intelectual que les permita aspirar a hacer cosas importantes, o incluso a sentirse importantes. En definitiva, como los zombis, sin un cerebro útil. Estos cerebros completos pero carentes de señales sinápticas que indiquen un camino recto, hacen que sus cuerpos vaguen de aquí para allá, intentando trabajar en cualquier cosa en la que crean que su título de doctor les puede facilitar el puesto. Los doctores zombis posiblemente se equivocaron a la hora de dar el sí quiero a la realización de una Tesis Doctoral. Pero lo más triste, es que a lo mejor un doctorando lleno de ilusión, es mordido por uno o varios zombis durante la realización de su Tesis y se convertirá irremediablemente en uno de ellos. Si en un laboratorio el zombi es el director, el contagio producirá doctores zombis en la mayoría de casos.

Algunos de estos futuros muertos vivientes –científicamente hablando claro– se detectan en etapas tempranas del doctorado, ya que tienen en mente en todo momento que la Tesis Doctoral es una prolongación de la carrera universitaria, o una manera de torear el periodo de inestabilidad laboral contemporáneo.

En otros casos, a pesar de los esfuerzos del director de Tesis, las inquietudes científicas y la pasión por la investigación son imposibles de transmitir, y chocan una y otra vez contra el letargo mental de los recién egresados. Si estas cualidades no vienen de serie, hay que trabajar mucho para inculcarlas, y en algunos casos es totalmente inútil intentarlo, aunque muchas veces la evidencia de ello aparece incluso bien avanzada la Tesis.

En el otro extremo, están los egresados de naturaleza mental inquieta, que buscan explicación a todo y no descansan hasta que han solventado sus dudas mentales. Necesitan asidua e imperiosamente recurrir al jefe para preguntar, a los libros, al diccionario, o a Google para satisfacer sus dudas, y no creen algo hasta que no lo comprenden. No realizan un protocolo hasta que tienen toda la información, y no se quedan satisfechos con una respuesta hasta que no indagan en la bibliografía para corroborarla. Esta naturaleza reflexiva es una cualidad muy importante en Ciencia. ¿No deberíamos comprobar si un experimento que planeamos, o un resultado que obtenemos, no ha sido ya realizado o publicado antes por otros?

Es tarea del jefe de grupo descubrir de qué tipo son los doctorandos y poner un remedio temprano a las causas del fracaso o de la desmoralización, ya que un doctorando puede pasarse meses —o incluso años— sin tener un resultado estimulante. Aquí, el grupo y principalmente su jefe, juegan un papel muy importante a la hora de minimizar la frustración en los doctorandos.

Otro cometido importante del jefe de un laboratorio es promover la confianza mutua entre los miembros del grupo, pues las relaciones personales entre sus miembros van a ser cada vez más estrechas a medida que pasan tiempo juntos. No hay que crear un grupo de amigos, hay que crear un ambiente de trabajo agradable, que favorezca la creación de un grupo de investigación sólido y estable.

Es un error por ejemplo, que el jefe pretenda acometer un problema científico asignándolo a la vez a dos doctorandos. Esta es una práctica cruel e improductiva, que muchas veces se encomienda de manera secreta, tratando de encontrar una solución mediante la desapercibida competitividad entre miembros del grupo. No solo es un error fomentar una competencia insana, sino que estas prácticas disminuyen la cohesión del grupo una vez descubiertas.

El director debe conocer el estado actual del tema de Tesis Doctoral que propone a su doctorando. No hace falta que sea un experto en la materia, pero al menos, debe repasar la literatura reciente y saber valorarla. Manejar por completo un tema puede ser una tarea hercúlea debido a la ingente cantidad de publicaciones científicas que salen a la luz. Pero eso sí, debe instar al doctorando a que mantenga actualizada la información que concierne a su trabajo, instruyéndole en la informática básica del manejo de bases de datos y alertas bibliográficas, para que el doctorando vaya creando su propia bibliografía anotada.

En algunos directores hay cierta tendencia a inducir tempranamente a la lectura de papers al recién llegado. En muchos casos, el alumno es recibido con multitud de artículos científicos cuya lectura obligatoria será el ineludible paso previo al trabajo manual en el laboratorio. "Hasta que no leas esto, no comenzarás a hacer experimentos". Esto es considerado por muchos como un error, y se alude a que el componente práctico debe enseñarse desde el primer día, aunque la primera manipulación del nuevo doctorando requiera multitud de ejemplos previos, realizados por el propio director o por otros compañeros. Solo puede alcanzarse la comprensión real de lo que se lee, si previamente hay un contacto físico con los materiales y métodos del tema de estudio. Leer sobre lo que nunca hemos visto parece bastante improductivo. Además, una primera aproximación a las preguntas científicas que trata de contestar el grupo de investigación, sin que todavía existan prejuicios establecidos por la lectura, abrirá nuevas posibilidades en las mentes más jóvenes. Por lo tanto, al principio, hay que trabajar mucho, observar mucho, preguntar mucho, pensar poco, y leer aun menos. A medida que avance la Tesis, habrá que trabajar menos, preguntar menos, pensar más y leer mucho más.

Así, cuando comienzan a realizarse experimentos sencillos, o se presencian ejemplos de las técnicas que se utilizan en el laboratorio, el director podrá ir introduciendo al alumno en la lectura de artículos —primeramente revisiones sobre el tema a tratar— para que se combine el trabajo físico y el intelectual. De las "revisiones" trataremos en el capítulo de bibliografía.

El Doctorando debe tener en cuenta que el trabajo de un jefe no solo consiste en escribir artículos científicos, y que el resto del tiempo lo puede dedicar a enseñar técnicas o a realizar experimentos *in situ* con su equipo. Ojalá. Alguien dedicado única y exclusivamente a integrar los resultados de su laboratorio y posteriormente reflejarlos en publicaciones sería altamente productivo. La realidad es otra. A continuación, citaremos algunas de las múltiples tareas que debe realizar un jefe de grupo. El número y complejidad de las tareas varía según la edad, dedicación y experiencia de dicho jefe. Por ello, supongamos que se trata de un jefe relativamente joven, con unos 5 o 10 años de experiencia como investigador principal en un grupo relativamente pequeño. Este jefe "junior" no solo tendrá que demostrar productividad, escribiendo y publicando artículos, sino que muy posiblemente tendrá que seguir haciendo experimentos él mismo, como lo hacía en su periodo postdoctoral. Además, tendrá que enseñar técnicas a los recién llegados, pasar con ellos buena parte del tiempo que esté en el laboratorio y repasar los resultados experimentales del grupo. Deberá organizar reuniones individuales o colectivas para actualizar el trabajo de cada doctorando, de los postdoctorandos, del técnico –si lo tiene–, de becarios temporalmente en prácticas o alumnos de Máster, o incluso de residentes si trabaja en un hospital.

Debe también atender a sus proyectos de investigación vigentes, que aporten dinero a su institución y nutran de herramientas a su laboratorio. Escribir estos proyectos es a veces más arduo que escribir publicaciones científicas y el temor a los resultados induce incluso mayor estrés. Por supuesto, deberá realizar informes periódicos de dichos proyectos para las entidades que los financian. Si los proyectos salen adelante, tendrá que escribir y negociar contratos para becarios, hacer entrevistas y evaluar a los candidatos. Además de esas tareas, debe recibir a investigadores invitados, o estructurar tareas o proyectos de investigación, o colaboraciones con ellos. Si no tiene carga docente, puede que sea invitado a dar cursos, seminarios o clases en algún Máster, con lo que debe preparar esas clases, o las presentaciones para sus charlas y seminarios. Alguna asociación científica a la que pertenece puede reclamarle para organizar algún curso o congreso debido a sus virtudes retóricas u organizativas, o una entidad evaluadora podría contactar con él para que forme parte de algún comité que evalúa proyectos, debido a sus virtudes analíticas y críticas.

Por supuesto, algunas revistas contarán con él para que colabore como revisor de artículos científicos, en algún campo en el que le consideran como experto. Si lo hace bien, será reclutado nuevamente como revisor y cada vez más con más asiduidad. Lo positivo de revisar artículos o estar en paneles de evaluación de proyectos es que se aprende mucho y es un buen ejercicio para jóvenes investigadores, pero lo negativo es que estas revisiones requieren mucho tiempo y este tiempo no lo podrán dedicar a otras cosas en beneficio de su laboratorio. Por ello, no hay que decir que SI a la primera invitación para revisar un artículo. Hay que valorar si será positivo dedicar tiempo a algo por lo que vamos a obtener una irrisoria recompensa –si es que se obtiene alguna– al menos durante los primeros años de la carrera científica. Lo dicho, no está mal como ejercicio, pero hay que valorar el tiempo que vamos a dedicar a ello. Recordemos que, una vez que se envían los comentarios para los autores, estos podrán realizar nuevos experimentos sugeridos por los revisores y el editor volverá a enviar nuevamente el artículo a éstos en un bucle afortunadamente finito, pero posiblemente largo. Y todo esto lleva tiempo. Si un autor envía 5 artículos al año, hay que pensar que estará acaparando el tiempo de 10 o 15 revisores. Quizás en un futuro no muy lejano también se tenga en cuenta esta tarea de revisión y se premie no solo a los científicos que envían artículos, sino también a los que dedican parte de su tiempo a revisarlos.

También debe mediar en los posibles conflictos internos (impartir justicia) entre los miembros del grupo. Por supuesto, el joven jefe debe preocuparse del buen funcionamiento del laboratorio; y del mantenimiento de una página web atractiva y actualizada sobre las publicaciones y líneas de trabajo del grupo y revisar periódicamente sus contenidos, aunque muchas veces se delegue en personas que tengan más experiencia informática. Y todo esto lleva tiempo.

Debe además conocer muy bien a los miembros de su grupo para saber distribuir las tareas fundamentales. Quien se ocupa de unas cosas y quien se ocupa de otras. Debe preocuparse de las correcciones en la redacción de Tesis doctorales, de becas de su personal (por ejemplo, para solicitar una ayuda de viaje a un congreso), de los propios trabajos presentados en los congresos (corrección de resúmenes, comunicaciones orales, posters). Y por supuesto, de corregir artículos que son rechazados, aunque lo sean parcialmente. Imaginemos que es capaz de enviar tres o cuatro artículos al año. Al año siguiente, podría tener esos tres o cuatro artículos parcialmente rechazados —o parcialmente aceptados— del año anterior, y también en marcha los tres o cuatro artículos del año vigente, con resultados nuevos. Entonces, deberá ocuparse de la publicación de seis u ocho artículos en un año. Que no le pase nada… Recordemos que el número de artículos potenciales de un grupo, guarda relación con el número de doctorandos o investigadores que realizan experimentos. En un grupo joven, el número será reducido, pero en un grupo firmemente establecido, o grande, el número de publicaciones suele ser proporcional. Esto implica muchos resultados, muchas técnicas y muchas discusiones científicas que convergen hacia la producción de artículos, que pasan sí o sí en su mayoría, por el jefe del grupo. En este caso, es inevitable la acumulación de grupos de papeles grapados o sujetos por un clip sobre la mesa. Puede llegar un momento incluso, en el que la altura de papeles grapados parezca inalterable con el paso del tiempo. Esto querrá decir que algunos se publican, pero otros quedan en la parte de abajo y tardarán mucho tiempo en ver la luz. Esos artículos que se van quedando sin enviar, pueden ser la causa del desánimo de algún doctorando, que ve con desesperación como los artículos de sus compañeros salen a la luz, pero los suyos no. Esto será motivo de discusiones internas que el jefe tendrá que analizar y remediar. Y todo esto lleva tiempo.

Además, habrá momentos en los que alguna persona del laboratorio tiene que irse. Entonces, el jefe, deberá escribir cartas de recomendación para futuros laboratorios, algunas veces con un formato específico. Y todo esto lleva más tiempo.

Un jefe joven, debe ocuparse también de la logística, el abastecimiento y el mantenimiento general del laboratorio, incluidos aparatos que necesitan arreglos o una revisión periódica. Debe procurar que no falte el material fungible necesario, o productos específicos, buscando, seleccionando y realizando compras, hablando con representantes de casas comerciales en persona, negociando precios por teléfono o por correo electrónico. Muchas veces, estas negociaciones no se solucionan en cinco minutos… Hasta que no tienen experiencia, los doctorandos no se ocuparán de seleccionar o comprar productos de laboratorio. Algunos no lo harán nunca. Por timidez, porque no tienen iniciativa, o simplemente porque no cuentan con la confianza de sus jefes.

El jefe tiene que invitar a investigadores externos, o incluso a doctorandos de otros laboratorios a dar seminarios en el suyo propio. Esto evitará la posible monotonía interna y estimulará la competitividad. El comprobar que otros doctorandos avanzan en sus Tesis produciendo resultados interesantes, pero también exponiendo sus errores y contratiempos, avivará el espíritu investigador en los jóvenes. Estos encuentros además, pueden ser aprovechados por los doctorandos de ambos laboratorios para colaborar. No hace falta tener mucho dinero ni gran prestigio para poder invitar a gente a impartir seminarios. Siempre hay algún laboratorio cercano que pueda ofrecer algo interesante.

Toda esta parrafada sobre jefes jóvenes se reduce bastante cuando el jefe es un veterano con mucho poder. La mayoría de tareas anteriormente citadas serán realizadas por algún subordinado, investigador Senior, investigador postdoctoral, o incluso por algún administrativo o secretaria. Sí, los grandes jefes con grandes grupos tienen secretaria.

Por todo lo anteriormente escrito, un doctorando debe ser consciente de que los jefes no solo se dedican a la escritura de sus artículos, o a la corrección de sus Tesis Doctorales. Cuanto antes se emancipe científicamente un doctorando, o cuanto antes empiece a ayudar a su jefe en las tareas de mantenimiento del laboratorio o de la escritura de los artículos, más tiempo dedicará éste a las correcciones de dichos artículos y por supuesto, a las correcciones de la Tesis Doctoral.

Por si esto fuera poco, el jefe debe lidiar con burócratas, políticos y algunos empresarios que no entienden absolutamente nada de ciencias, solo de legislación, votos y beneficios. Puede que también estos jefes sean reclamados para formar parte de algún comité de expertos, o de una comisión política, o que sean nombrados asesores del presidente. Educar a los políticos en una cultura científica es, para la mayoría de investigadores, una pérdida de tiempo y en muchos casos una frustración absoluta. Repito, no debemos nunca intentar enseñar a cantar a un cerdo. Perderemos nuestro tiempo, y molestaremos al animal. No quiero decir con esto que los políticos sean cerdos, pero sí son tercos. Tiene sentido. Imaginemos que un enorme cerdo se acerca a una persona, que da la casualidad de que es un barítono. Posiblemente el cerdo se acerca porque lo que está haciendo esa persona ha despertado su curiosidad. El cerdo es feliz haciendo lo que hace, que básicamente es comer, engordar y retozar en el barro. Pues bien, como el barítono ama su trabajo y tiene unas cualidades muy buenas para el canto, decide sacar un atril, unas partituras, algún instrumento musical y un libro con todas sus aportaciones al mundo de la ópera. Se pone entusiasmado delante del cerdo e intenta que este cante algo. El cerdo, al principio está contento. Lo que tiene delante se mueve, emite sonidos y parece estar interesado en él. Pero pronto se cansa e intenta marcharse, posiblemente a seguir devorando comida o a seguir retozando en el barro. El barítono rodea la gran panza del cerdo con los brazos y lo vuelve a colocar delante del atril, volviendo a hacer indicaciones para que el cerdo le imite al cantar, haciendo aspavientos, y emitiendo notas musicales. El cerdo de nuevo se queda pasmado. Pero pronto quiere volver a marcharse, para seguir realizando sus monótonas tareas. De nuevo el tenor se ve obligado a recolocar al cerdo. El cerdo cada vez va enfureciéndose más. Al final, como es obvio, el barítono está perdiendo su tiempo. El pobre animal nunca cantará nada y cada vez estará más molesto y estresado.

Tipos de jefes

El menosprecio de la autoridad es el principio de la revolución.

A. Aparisi

Iré, no a donde mis generales me envíen, sino a donde me guíen.

L. Séneca

Con la mejor compañía de cómicos se representa muy mal una comedia, si no se distribuyen bien los papeles.

Á Ganivet

Triste discípulo aquel que no adelanta a su maestro.

L. da Vinci

No hay diferencia entre no tener y no utilizar algo.

Aristóteles

La cólera descontrolada es una característica destacada del tirano.

L. Séneca

El liderazgo basado en el miedo es el tipo más débil de autoridad.

R. Gerver

Como en cualquier otro oficio, en ciencia hay muchos tipos de jefes. El ideal es aquel que sabe transmitir pasión por la investigación científica y que promulga las satisfacciones que el laboratorio y el avance del conocimiento pueden brindar a las mentes receptivas, sin imponer la invulnerabilidad de los dogmas ya establecidos. Ahora bien, los hay no tan ideales.

Los jefes injustos o tiranos serán recordados, pero solo los que por sus cualidades excepcionales —tanto de materia gris como de comportamiento— que influyan en un gran número de doctorandos, formarán una prolífica escuela digna de merecer un árbol genealógico de investigadores. A continuación hablaré sobre distintos tipos de jefes. Por supuesto, habrá alguno que no se adscriba a estas categorías y otros para los que debería inventarse alguna nueva.

El jefe **mamá pato** está orgulloso y contento por tener una legión de becarios que le siguen a todas partes como una ristra de vagones detrás de una locomotora. Hay "buen rollo". En la cafetería durante los desayunos están todos juntos. En los congresos comen todos juntos. A las charlas acude el jefe, y todos detrás, en fila india.

Los jefes **supercompetitivos** sufren la enfermedad denominada "ansia de publicación". No importan las personas ni las cosas, solo publicar mucho y bien. Han llegado a su trono a base de mucho esfuerzo, pero no solo personal —pues su vida entera está dedicada al arte de la publicación científica— sino también, de una legión de personas que han pasado por su laboratorio con mejor o peor suerte. Se obsesionan con sus competidores y están pendientes en todo momento de lo que publican éstos, o de lo que presentan en los congresos, llegando a perder incluso originalidad por estar tan pendientes de los demás. Sus alertas de PubMed tienen a sus competidores en el punto de mira. Por todo esto, son incluso crueles si hace falta y no dudan en recomendar profesiones alternativas a los doctorandos que, desde su punto de vista, no dan la talla productiva que necesitan. Por ejemplo, suelen aconsejar a los doctorandos que ellos consideran "mediocres" que se dediquen al canto, o a la costura (en general, a otra cosa). Desde su punto de vista, éstas son artes inmundas que no tienen nada que ver con la gloriosa investigación. Por lo tanto, muchos de sus doctorandos sufren lo que hoy se denomina —utilizando la terminología inglesa— *bossing*, donde son sometidos progresivamente por su jefe a la incertidumbre, al desprecio y al desánimo y este impacto psicológico hace que en muchos casos el doctorando abandone la Tesis, o incluso que abandone la ciencia para siempre. Estos jefes contienen y liberan tanta energía que el mundo sería mucho mejor si la canalizaran hacia la formación de sus doctorandos. Su pasión por la ciencia roza —o incluso puede sobrepasar— la paranoia y no entienden que dicha pasión no se puede imponer por la fuerza y que sus alumnos tampoco la van a absorber de sus compañeros por ósmosis.

El jefe **mezquino, codicioso** o **interesado.** Algunos jefes poseen mutaciones no deletéreas en genes que expresan proteínas de empatía. Esas proteínas no funcionales hacen que algunos jefes nunca se pongan en la piel de sus doctorandos. Por si fuera poco, los recuerdos de cuando ellos eran los becarios se han borrado por completo. La primera causa de falta de empatía es genética. La segunda –la pérdida de memoria– algunas veces es también patológica, pero en la mayoría de casos se debe a una constante búsqueda del beneficio propio, o bien por motivos políticos, o por motivos económicos. El ego entra muchas veces dentro del saco de los motivos políticos. Estos jefes solo piensan en ellos. Bueno, o en ellos, o en ellos y sus familias. O en ellos, sus familias y sus amigos, siguiendo los principios que esgrime Richard Dawkins en su famoso libro sobre *el gen egoísta*. Los doctorandos en este caso, son trabajadores a sueldo, con vida laboral en el laboratorio limitada solo a unos pocos años, a los que hay que reemplazar al finalizar su período de vida útil para el laboratorio. Estos jefes creen que el laboratorio es su empresa privada, que sirve solo a sus fines. En estos casos, el acuerdo de beneficio mutuo está totalmente descompensado a favor del jefe. El doctorando poco tiene que decir, se limita a realizar un trabajo y a mantenerlo –que ya sabemos que no es baladí–. Lo que pueda pasar tras el doctorado –que muchas veces no llega a buen puerto– carece de importancia para este jefe que es regular tirando a malo.

Los jefes **superpoderosos** son gente "mayor", de más de 60 años. Algunos incluso rozan esa edad. Coleccionan becarios, ex becarios, Tesis Doctorales, investigadores post doctorales, artículos, revisiones, portadas de revistas científicas, premios, proyectos, patentes, conferencias, etc. Son como los miembros de los consejos de administración de las grandes empresas que nunca bajan al sótano a ver lo que hacen sus empleados rasos. No hace falta, gestionan tantos fondos y tienen un laboratorio tan sólido que ya no es necesaria su presencia. La herencia y el background que reciben sus hordas mantienen una producción muy alta y prácticamente inalterable.

Luego, están los jefes **supervivientes**. Normalmente se encuentran entre los 50 y los 60 años, y han entrado en el sistema de ciencia hace mucho tiempo, normalmente de manera relativamente poco competitiva comparada con los tiempos actuales. Tratan de sobrevivir como pueden, y además de no haber conseguido crear un grupo de investigación destacado y potente, ya han perdido las ganas y la ilusión por hacerlo. Posiblemente lleven toda su vida investigando en lo mismo, una proteína, un tipo celular, una ecuación matemática, un trozo de ADN, un lagarto. La inercia de esta eterna línea de investigación les ayuda a conseguir financiación, que utilizan siempre para lo mismo, y cada vez tienen que hacer malabares más complicados para justificar los resultados de sus proyectos, o sus trienios de investigación. En muchos casos, creen que el resto del mundo está contra ellos, pues lo ven todo por el lado negativo, por lo que guardan con recelo sus protocolos y material de laboratorio –muchas veces obsoleto– y se resisten tanto a las nuevas tecnologías como a las ideas que compiten con las suyas. Por supuesto, son incapaces de reconocer que los doctorandos pueden aportar buenas soluciones alternativas a los problemas. Se conforman con seguir haciendo lo mismo y se encomiendan a su experiencia para no tener que cambiar de línea de trabajo. Son recelosos de colaborar con otros grupos, ignorando que la colaboración es la única manera de aprender o disponer de otras técnicas, por lo que nunca harán nada importante, ya que solo saben aplicar una o varias, y siempre para los mismos protocolos. No quieren creer que los descubrimientos más impactantes se producen actualmente gracias a la multidisciplinariedad y a la utilización de técnicas muy variadas, no a la acumulación de artículos sobre el mismo tema, producidos por una única línea de investigación. Es difícil intentar entender ese estado mental tan hostil. Posiblemente, los escasos doctorandos que pasen por sus manos y consigan terminar la Tesis, obtendrán una relativamente buena formación, pero su cabeza estará repleta de estrategias de supervivencia y su CV vacío de publicaciones. Ante esta situación, el doctorando debe tener presentes en todo momento su prioridad: aprender a trabajar y a pensar de forma independiente cuanto antes. Con estos jefes, solo habrá un tema de Tesis posible, sin plan B.

Relación con los demás

Tu pareja, tu mujer o tu marido, tus amigos, la gente que no tiene relación con el mundo de la ciencia o la investigación, te preguntará qué haces tanto tiempo en el laboratorio y por qué lo haces, por qué lees tantas cosas y sobre que tratan, cuando vas a terminar lo que estás haciendo (tu Tesis), para qué sirve tu trabajo y si te va a dar de comer en el futuro. También se preguntarán por qué deberías ir al extranjero cuando termines tu Tesis, o incluso, cuando vas a curar el cáncer, por qué sales de tan mal humor de tu trabajo los viernes por la tarde, o por qué tienes que ir el día de Navidad al laboratorio a "mirar" unos cultivos. Solo los compañeros —otros doctorandos o post doctorandos— conocen bien esas preguntas y muchos incluso tienen respuestas inteligentes para responderlas.

Técnicos de laboratorio

Los laboratorios, como los equipos de fútbol, necesitan delanteros goleadores, pero también utilleros (utileros, personas encargadas de cuidar y disponer el material del equipo). Todo el mundo conoce al delantero, pero nadie conoce al utillero. Los técnicos son los utilleros del grupo. Son una bendición para el laboratorio y para los científicos que trabajan en él. No solo facilitan el trabajo de todos los miembros del laboratorio, sino que en general, mantienen éste limpio, surtido y ordenado. Por lo tanto, hay que mimarlos. El día que faltan surge el pánico.

No se debe permitir que los técnicos caigan en la apatía de un trabajo rutinario o anestésico, o en el acomodo que proporciona la estabilidad laboral del funcionariado, ya que apatía y acomodo son compañeros inseparables de la ineficiencia, que es precisamente lo que no hay que fomentar en los técnicos. Además, los técnicos tienen que recibir toda la información posible sobre lo que están haciendo, para que lo entiendan, lo interpreten y ayuden a su óptimo desarrollo. Hay que conseguir que se impliquen en la investigación del grupo y hacer que la sientan como suya. Esto ayudará a que desarrollen todo su potencial humano y profesional. Una buena forma de hacerlo es dejándoles participar en la autoría de los trabajos producidos por el grupo, en los que sin duda, muchas veces participan de forma no poco activa. Esto ayudará a su *curriculum vitae* y a su promoción interna. Por supuesto, no hay que someterlos a menosprecio, humillación u ostracismo. La humillación es algo tan inútil como improductivo, que ni siquiera favorece al que humilla. El maltrato psicológico puede incluirse como acepción de alguna de las formas anteriores.

Ahora bien, hay que identificar a las rémoras, sobre las que el repudio es lícito. Estas rémoras han obtenido el puesto —incluso de manera legal— con la esperanza de trabajar poco, bajo el protectorado de una estabilidad laboral conseguida mediante oposición pública. Diferencio a éstos, de los técnicos de laboratorio vocacionales, donde la satisfacción personal influye también de manera constante en el rendimiento.

Bueno, hay que rendirse a la evidencia de que la "gente que no quiere trabajar" es identificable en cualquier profesión. ¿Qué se puede hacer con alguien que no realiza su trabajo? Echarle. ¿Qué se puede hacer con alguien que es funcionario y no cumple con su trabajo? ¿Echarle? Los signos de interrogación mandan.

Los técnicos de laboratorio, como los investigadores (todos por igual), juegan un papel clave en el desarrollo de la ciencia para la sociedad, pero muchas veces, el puesto de técnico de laboratorio es el más bajo del escalafón en ciencias, y este puesto parece conceder una responsabilidad irrisoria o inexistente. Esto, afortunadamente, no ocurre en todos los laboratorios. Solo hay que exigir unos mínimos y premiar unos máximos. Hay que buscar qué es lo que puede animar, estimular o entusiasmar a un técnico para que entre de lleno a participar en los experimentos, en las reuniones del grupo, en cursos de formación o reciclaje, e incluso en los congresos científicos. No es una utopía, sobre todo cuando los técnicos son gente joven. Pero animemos también a los mayores. Es bastante increíble o sorprendente que una persona no presente el más mínimo grado de sorpresa o de satisfacción cuando se descubre algo nuevo en la naturaleza gracias a su trabajo, o al trabajo de un grupo en el que esa persona está incluida. Por supuesto, muchos estudiantes de Formación Profesional ven en la profesión de técnico una salida laboral rápida y sin excesivas complicaciones, que puede proporcionar incluso un puesto estable, por lo que para muchos es lícito desear el menor número posible de preocupaciones tangenciales a su trabajo, o incluso, el mantenerse alejados de cualquier tipo de responsabilidad. Pero en Ciencia, es arduo pertenecer a un grupo de investigación y no interaccionar con él más que para fregar el material de vidrio, poner a esterilizar material en el autoclave, realizar cortes histológicos o preparar medios de cultivo para células o microorganismos. Esto no ocurre en todos los países. En algunos que yo denomino "avanzados", los técnicos de laboratorio son muy bien valorados y contribuyen de manera decisiva al progreso de las investigaciones. Hagamos que se impliquen más y que participen en mayor medida de la satisfacción de descubrir. Además, más vale un buen técnico que un mal doctorando.

El día a día en el laboratorio y los horarios

No es natural que los sabios vayan a pedir a las puertas de los ricos.

Sócrates

Nuestra principal tarea no es mirar lo que se vislumbra tenuemente a lo lejos, sino hacer lo que está claramente a mano.

T. Caryle

En el campo de la observación, la suerte favorece a las mentes preparadas.

L. Pasteur

La vida no es un día de fiesta ni un día de luto, es un día de trabajo.

A. Vinet

El sabio solo piensa en sus problemas cuando tiene algún sentido hacerlo; el resto del tiempo piensa en cosas útiles o, si es de noche, no piensa en nada.

B. Russell

El doctorando debe ser introducido sin prisa pero sin pausa en el fascinante mundo del trabajo de investigación, que conlleva muchas veces unos horarios, rutinas, aparatos, protocolos y medidas de seguridad poco familiares para el novato. Es muy importante que el director de Tesis minimice el impacto inicial que un laboratorio lleno de aparatos alienígenas causa en el doctorando. Antes de obsequiar con papers al recién llegado, el jefe debe explicarle lo que son y cómo hay que leerlos.

El primer día que el doctorando llega al laboratorio puede que sienta que –tras las presentaciones de turno– sus nuevos compañeros le hacen el vacío, o simplemente le ignoran. Esto puede ser debido a varios motivos y no hay que mantener este ingrato momento en la memoria ni un minuto. Si el laboratorio es altamente productivo, el nivel de concentración y de trabajo es intenso, con lo que hay poco tiempo para las fiestas de bienvenida fuera de las horas de descanso. La llegada del nuevo miembro puede ser interpretada incluso como una amenaza. Y el "nuevo" puede ser visto como competidor, porque realmente lo es desde ciertos puntos de vista. Es una persona más a competir por la utilización de los recursos y sobre todo, por el tiempo de dedicación del jefe a cada miembro del laboratorio. También es un competidor que producirá resultados potencialmente solapantes con los de los demás, y sobre todo será la persona que preguntará sin parar, a todos, durante los primeros meses. Esto último es lógico, pero los otros miembros del laboratorio también lo han hecho antes. La llegada de un nuevo doctorando debería ser entendida como un incremento en las posibilidades críticas del grupo, un par de manos más a las que pedir ayuda y colaboración y un potencial productor de artículos a los que sumarse como coautor. Por lo tanto, es más una ventaja que un inconveniente. Si no llega gente nueva al grupo, quizás esto signifique que el jefe no es capaz de atraer recursos al laboratorio y eso irá en perjuicio de todos sus miembros. Por lo tanto, el recién llegado debería ser tratado de manera inteligente, pensando en que viene a sumar, aunque, en sus comienzos, necesite la dedicación de sus compañeros, dilapide recursos con experimentos fallidos que realiza por primera vez, o acose continuamente al jefe de grupo con sus preguntas. A la larga, será un colaborador más y el esfuerzo inicial del jefe y de sus compañeros hacia él habrá valido la pena. Por su parte, el recién llegado debe intentar molestar lo menos posible y tratar de aprender mediante la observación, pero en silencio, dejando las preguntas técnicas incluso para momentos más distendidos, como la hora del descanso en la cafetería, donde ahí comenzará la verdadera relación con sus compañeros. Uno de los objetivos principales al inicio —y también al final de la Tesis— es colaborar, no competir. La competencia añade siempre un cierto grado de estrés y por lo tanto, siempre es mejor colaborar, aunque el beneficio no recaiga al principio del lado del recién llegado, que muchas veces tendrá que aprender otras cosas que los demás hacen en el laboratorio, aunque éstas no vayan a repercutir directamente en su tema de Tesis.

Por supuesto, los intentos por establecer un horario laboral serán en vano. Una de las primeras preguntas que sale de la boca de un doctorando en su llegada al laboratorio es: ¿Cuál es el horario de trabajo en el laboratorio? La repuesta es simplemente: NO HAY HORARIO. No se puede hacer ciencia de 9 a 2 y de 4 a 8. Tampoco a media jornada. Tampoco es un trabajo por obra o servicio –como puede poner en el contrato– Más bien, el trabajo de laboratorio se realiza "a destajo". Esta modalidad viene a decir que, cuanto más trabajas más produces –o al menos esa es la teoría–. Eso sí, en ciencia, la relación entre el salario y la producción realizada no es directamente proporcional. Más bien, el salario es fijo, muy fijo, y la producción variable, muy variable. Puede que incluso, en algún momento durante la etapa de Tesis, el doctorando se pregunte ¿Qué hago un sábado por la noche en el laboratorio? La respuesta más tranquilizadora para esta pregunta es: ganar mucho tiempo. El tiempo es muy importante.

Para muchos jefes de laboratorio, la jornada de trabajo de sus becarios no tiene límites y –según algunos– podría incluso extenderse a lo largo de las noches; por supuesto también, los fines de semana y los festivos. ¿La justificación? muy sencilla, cuanto más se trabaja, más se produce y más se publica. Para otros jefes, un horario normal es perfecto. Eso sí, hay que quedarse en el puesto hasta que se finaliza el experimento que se tiene entre manos. Este tiempo extra –incluso horas– está muy bien visto por muchos directores de laboratorio, al fin y al cabo, no es su tiempo.

Ahora bien, es el doctorando el que manejará su ritmo de trabajo. A lo largo de este libro se advierte al doctorando de que al final, su carrera investigadora podrá continuar más o menos sin sobresaltos si la producción científica de su Tesis y la de sus primeros años postdoctorales es buena. Esta producción científica depende la mayoría de las veces —o eso indica la teoría— de la cantidad de trabajo que se haga y por lo tanto, del número de horas que se trabaje en el laboratorio. Hay quien opina —sobre todo una mayoría de becarios— que los horarios esclavistas no deberían existir y comparan la situación de los doctorandos y sus directores con la de los obreros y los empresarios. Esto es un error. Aunque los jefes exijan 24 horas de trabajo al día —sí 24 horas— y cero de descanso, no hay porqué hacerlo, ni mucho menos. Sobre todo si los experimentos son tediosos y repetitivos. Trabajar en el laboratorio no es duro, duro es trabajar en una mina y no saber si vas a llegar a casa por la noche, o barrer las calles, acordándote de los familiares de la gente asilvestrada que pasea a sus mascotas sin bolsas para excrementos.

La jornada laboral debe estipularse entre el doctorando y el jefe, mediante diálogo constructivo, pero también teniendo en cuenta el contrato de trabajo o la beca, que en la mayoría de los casos indicará "jornada completa", esto es, 7 u 8 horas al día. Ni más, ni menos. Este tiempo debería ser prácticamente suficiente para realizar el trabajo de laboratorio, incluyendo la lectura. Si son necesarios experimentos más largos, es algo que hay que asumir, sin quejarse. Puede que estos experimentos largos tengan lugar, o puede que no. Puede que haya que hacer muchos, o puede que haya que hacer uno en toda la Tesis. Lo que hay que valorar es que durante el tiempo que se trabaje en el laboratorio, tanto el jefe como el doctorando tienen que tener beneficios. Todo el trabajo que realice un becario dentro y fuera de sus 7-8 horas estipuladas, debe redundar en su beneficio y no solo en el del jefe. Cuanto más se produzca, mejor para el *curriculum vitae* y para las posibilidades de obtener una beca o contrato *a posteriori*. Y eso es exclusivamente lo que debe valorar el becario. Si trabajo más ¿produzco más? Si produzco más ¿tendré más opciones a seguir haciendo lo que me gusta? ¿Soy capaz de realizar una buena Tesis sin matarme a trabajar? ¿Vale la pena todo este esfuerzo? Y recordemos, si el becario no hace los experimentos para terminar una publicación, puede que en China o en India –o incluso en la ciudad vecina– si los vayan a hacer y muy posiblemente ya estén en ello. Esto es así. Si no lo publicas tú, otros lo harán.

En realidad, la investigación científica es una carrera muy competitiva, cuya meta laboral es conseguir el trabajo deseado. Algunos lo han conseguido incluso de manera muy brillante, sin sacrificar otras cosas buenas y bonitas de sus vidas, simplemente siendo tremendamente eficaces. Para terminar, hay que dejar claro que la Tesis Doctoral abre las puertas a la carrera investigadora, pero por supuesto, también las abre a otros muchos empleos, incluso con horarios más cortos y salarios mayores. Al terminar la Tesis, el doctorando debe haber conseguido un cerebro prácticamente listo para terminar de amueblarse, y debe ser capaz de diferenciar entre lo que se quiere y lo que se es capaz de hacer. Otros necesitan al menos una o dos etapas post doctorales para darse cuenta de ello.

En este punto, diré que la concentración en lo que se hace y la capacidad de ignorar las distracciones tienen absoluta importancia, sobre todo para optimizar el tiempo. Un gran porcentaje de la población —cada vez mayor— cree que no es posible sobrevivir sin teléfono móvil más de dos horas o que sus constantes vitales dependen en buena medida de tener encendido el ordenador para actualizar su estado en Facebook. Esto, créanme, es absolutamente falso.

La constancia tranquila, bajo una concentración extrema en el experimento concreto que tenemos entre manos, puede evitar la pesada inercia y monotonía que adquieren muchos ensayos y que alargan innecesariamente una jornada laboral en el laboratorio. Con esto quiero decir que, al igual que la cita del inicio de este capítulo, es mejor centrarse en el día a día, que no estar preocupado por nuestro futuro, por problemas a largo plazo, o por experimentos que sabemos que tenemos que realizar, pero que "ahora" no tocan. Ahora, tenemos que concentrarnos en el "único" experimento que estamos realizando, aunque a lo largo del día debamos ocuparnos de cinco o de veinte. Ahora estamos haciendo "esto", no "aquello". La concentración extrema, incluso durante la lectura, es un arma poderosísima que solo unos pocos científicos "Shaolin" consiguen dominar. No hay una técnica de concentración fácil de enseñar, mucho menos de aplicar. Simplemente, hay que focalizar nuestros esfuerzos físicos y mentales a la realización de una única tarea a la vez, sea una técnica experimental de cinco minutos, un complicado protocolo de muchas horas, o la lectura de un artículo científico. A veces, una simple taza de café en nuestra cafetería favorita de la ciudad puede ser un retiro espiritual que nos ayude a pensar relajadamente.

Además, el doctorando se dará cuenta tarde o temprano de que casi todo se termina a última hora: inscripciones a congresos, pósters y presentaciones, artículos, proyectos de investigación, memorias científicas, etc. Esto ocurre en la mayoría de laboratorios. No hay una explicación científica definitiva para este fenómeno, simplemente ocurre. Dejamos todo para el *deadline*, la fecha límite.

Para finiquitar el tema de los horarios laborales en el laboratorio, pondré un ejemplo deportivo muy sencillo. En un equipo profesional de baloncesto, los jugadores entrenan diariamente en un horario establecido por el cuerpo técnico. El entrenador estima que este horario les permite ser competitivos. Tras finalizar el entrenamiento —en ocasiones extenuante— los jugadores pueden marcharse a descansar, a divertirse, o a realizar cualquier otra actividad que les resulte más fascinante que el baloncesto —que hay muchas desde luego—. Pero, por otra parte, cualquier jugador es libre de quedarse a entrenar los tiros a canasta. Imaginemos que un jugador cuya pasión por este deporte no conoce límites, quiere destacar sobre todos los demás —y no solo sobre sus compañeros de equipo— por lo que decide quedarse unas horas tras cada entrenamiento, realizando tiros a canasta. A veces, hasta cuatro o más horas adicionales al día, mientras sus compañeros se van al cine a ver el éxito del momento, a tomar unas ricas tapas y cañas o a practicar sexo con sus parejas (actividades bastante apetecibles todas ellas). Al final de la temporada, este jugador es el mejor de su equipo. También es el máximo anotador de la liga. También el máximo anotador de su selección nacional. La temporada siguiente, es fichado por un equipo más poderoso, con un contrato excelso y extenso, y las empresas de ropa deportiva le reclaman para la publicidad. Con los doctorandos ocurre lo mismo. Al final del doctorado, cuando se repartan las becas y los contratos postdoctorales, solo importará quien ha destacado sobre los demás. No hay por qué señalar con el dedo a los que han preferido el normal disfrute de otros placeres, pero tampoco asombrarse al conocer quien alcanza el éxito. En la vida no se puede tener todo a la vez. En ocasiones, algunos miran mal al becario que se queda tiempo extra en el laboratorio. Algunos argumentan que no hay que parecerse a países subdesarrollados donde se trabaja más por menos. A veces es simplemente una cuestión de capacidades. Si un becario se queda más tiempo en el laboratorio puede ser, o bien porque es más lento, o bien porque es más ambicioso. Por lo tanto, está en su derecho de ampliar de forma voluntaria su jornada laboral. De momento, la lentitud y la ambición no están penadas por la ley.

AMAT VICTORIA CURAM.

Los experimentos

Si tuvieras genio, con la laboriosidad lo mejorarás; si no lo tuvieras, con la laboriosidad suplirás su ausencia.

J. Reynolds

Es mejor no depender mucho de la suerte y sí de un trabajo sistemático y de la concentración.

S. Ramón y Cajal

Es fácil evitar toda equivocación: no haciendo nada. Pero así tampoco se logran los éxitos.

B. Graham.

La esencia de un experimento satisfactorio es que sea reproducible.

W. Beveridge

La hipótesis no tiene cabida en la filosofía experimental.

I. Newton

A la hora de realizar experimentos de laboratorio no todo el mundo posee el don de la habilidad manual. Al principio de la Tesis, las manos del doctorando son torpes. Con el tiempo, se adquirirá destreza y se podrán realizar muchas técnicas diferentes a la vez, por lo que el director y los compañeros de grupo deben tener paciencia con los recién llegados. Posiblemente, la naturaleza nos haya regalado la existencia de "patosos", más cruelmente conocidos como "manazas", para entender y comprobar la variabilidad fenotípica a nivel de salida de información molecular del sistema nervioso central hacia los órganos efectores. ¿Cómo cuerpos tan similares, con órganos similares, con tejidos similares, con los mismos tipos celulares, los mismos orgánulos, el mismo tipo de proteínas y los mismos genes, pueden realizar movimientos ergonómicos tan dispares? De cualquier modo, la falta de habilidad manual –notable en algunos casos– puede ser compensada por otras cualidades, como la creatividad, la reflexión o la intensidad en el trabajo. Una de las características de los científicos más brillantes es que diseñan los experimentos apropiados de la manera más elegante y sencilla posible, muchos de los cuales serán ejecutados por doctorandos o técnicos de laboratorio, pero no por ellos mismos. Antes de ponerse manos a la obra, el doctorando deberá comprobar minuciosamente todos los pasos que va a dar durante el experimento y tener localizados todos los reactivos y materiales que va a utilizar, comprobando que hay cantidades suficientes de los mismos. Las desagradables sorpresas a mitad de un protocolo son habituales cuando vamos a utilizar un reactivo y descubrimos en ese momento que dicho reactivo ha gozado de gran popularidad en el laboratorio, y ya no queda nada en el bote.

Hay científicos que priman la obtención de resultados frente a los que prefieren dedicar tiempo a pensar mucho antes de realizar los experimentos. Ambas estrategias son comunes pero no excluyentes. Es mejor hacer una mezcla de ambas, dedicar poco tiempo a especular con las variables que podemos introducir y comenzar rápido con los experimentos. Así, los resultados que vamos obteniendo pueden ayudarnos rápidamente a decidir cuál es el siguiente paso que hay que dar. Además, muchos opinan que las mentes jóvenes necesitan descubrir cosas nuevas *in situ* y obtener resultados que les resulten fascinantes —por ser nuevos para ellos— antes de comenzar a hacer las preguntas absolutamente importantes o adecuadas, y por eso deben estar todo el tiempo que puedan haciendo cosas. Cuesta menos cambiar de experimento que empezar uno totalmente nuevo.

La capacidad de cada doctorando de ocuparse de varias cosas a la vez —varios experimentos— es muy variable. Hay algunos doctorandos que son capaces de realizar al mismo tiempo muchas técnicas, haciendo alarde de un manejo extraordinario del *timer* (cronómetro). Esto les permite obtener muchos resultados a la vez y ampliar el abanico de posibilidades de cara a preparar los siguientes experimentos. Quizás sean bastante productivos, pero muchas veces dejan de lado la base teórica de lo que están haciendo. Por ejemplo, en el tema de los kits modernos, que se utilizan en muchos laboratorios de biología molecular para realizar una enorme cantidad de experimentos de manera rápida y que antes se eternizaban. Como dijo en cierta ocasión Sydney Brenner, premio Nobel de Fisiología y Medicina de 2002: hoy en día se utilizan kits para todo y los estudiantes ya no se preocupan por conocer siquiera las propiedades físicas y químicas del ADN.

Sin embargo, en la realización de muchos experimentos a la vez, o muchos uno detrás otro, hay un factor cuantitativo muy importante: se aumenta la probabilidad de encontrar algo nuevo e inesperado, o de que la suerte nos sonría.

Otros doctorandos sin embargo, realizan un solo experimento al día, o incluso a la semana —si es muy largo— y una vez realizado éste, dedican tiempo a pensar sobre él y a preparar el siguiente. Son lentos pero seguros y disponen de más tiempo para valorar sus resultados con sentido crítico y rigor. El mensaje para ambos tipos de doctorandos es el mismo. De cara a la productividad, todos los experimentos que se hagan son útiles. TODOS. Incluso los que salen mal. Pero de cara a la formación, es mejor pensar con calma y dar mayor peso quizás a la teoría que la práctica. A pesar de estas verdades, hay directores que opinan que el laboratorio está para hacer experimentos y los ratos libres —fuera de él— deben dedicarse a leer, de ahí que la lectura y la reflexión se tienden a dejar para "casa". Hay que buscar un equilibrio, ya que las jornadas de experimentos pueden ser agotadoras y una mente brillante no es productiva en un cuerpo cansado. En estos casos, la organización de las tareas y horarios lo es todo. Se han escrito libros enteros sobre cómo ser eficaz o como administrar el tiempo. Muchos de ellos parecen dirigidos al mundo empresarial, pero estoy seguro que algunos de los consejos que atesoran podrían ser útiles también a los científicos y por supuesto a los doctorandos.

A pesar de la variabilidad del material biológico con el que se trabaja en ciencias, hay que mantener un control férreo sobre todo lo que se hace durante los experimentos.

Palabras clave: Experimento controlado.

Esto se consigue diseñando e introduciendo unos "controles" o "testigos" apropiados en cada nuevo grupo de muestras y en cada experimento independiente, junto con las réplicas adecuadas de cara al tratamiento estadístico. En cierta ocasión, a un doctorando se le preguntó sobre la coherencia de utilizar la palabra inglesa "control" en lugar de la autóctona "testigo". No voy a polemizar sobre la indiscutible riqueza del español a la hora de poder suplir términos anglosajones. Estos "controles" son necesarios con vistas a la interpretación y a la reproducibilidad de los experimentos. Existen distintos tipos de controles, positivos, negativos, internos, ciegos, de carga, de peso molecular, etc. Sobre su empleo, es el Director de Tesis el que debe aleccionar al doctorando. Una vez avanzada la Tesis, el doctorando deberá saber "cuándo" y "cómo" introducir "qué" controles en sus experimentos, sin necesidad de recurrir a su director. Una vez iniciado o finalizado un experimento, es inútil esperar a los resultados si los controles han fallado. Si se puede aprovechar algo de lo realizado estupendo, si no, hay que apagar las luces y aparatos, cerrar las puertas y marcharse para casa a descansar, que mañana será otro día. Intentar realizar el boca a boca a un experimento con controles mal diseñados o mal ejecutados es perder el tiempo y esto solo conducirá al despilfarro de una energía que se podría emplear en otras cosas de mayor provecho.

Todo el trabajo experimental está destinado normalmente a verificar una hipótesis, que a su vez es formulada para resolver un problema científico concreto. Esta hipótesis de trabajo, no es más que una idea que debe ser verificada mediante la experimentación. A esta hipótesis, el doctorando debe conceder un valor relativo, no absoluto, ya que durante el camino hacia su verificación, posiblemente se descubran nuevos hechos que rebajen el grado de importancia concedido a la hipótesis inicial. Es quizás más práctico utilizar el término objetivo, en lugar de hipótesis. La palabra hipótesis suena demasiado etérea, mientras que la palabra objetivo, parece algo más asequible, delimitado y claro. Por lo tanto, es preferible que inicialmente se planteen unos objetivos bien definidos o una pregunta científica pertinente antes que una hipótesis, aunque si es necesario o se impone tener una, el doctorando debe estar dispuesto a modificarla o incluso descartarla totalmente según avanzan sus investigaciones. De todos modos, citaré en este punto las palabras de Santiago Ramón y Cajal: Buena o mala una hipótesis, un intento de explicación cualquiera, será siempre nuestra guía, pues nadie busca sin plan.

Sin embargo, la Tesis Doctoral solo cobrará forma a medida que se vayan realizando experimentos para cumplir los objetivos y además, la afirmación o negación de las hipótesis suele ser más discutida que los resultados de unos experimentos bien realizados.

A modo de recopilatorio importante, hay cinco cuestiones o factores que interesan sobremanera al doctorando a la hora de realizar sus experimentos. La primera es, la "suerte", que hay que "buscarla" y no "esperarla". La probabilidad de tener suerte aumenta con el número de experimentos realizados, pero hay que señalar que pueden ocurrir épocas en las que el barbecho se impone a las cosechas. La segunda, es que el número de ideas nuevas que surgen contemplando unos resultados también aumenta con el número de experimentos realizados. La tercera, es que la observación de absolutamente todo lo que sucede antes, durante y después de cada experimento, aumentará nuestro conocimiento sobre lo que estamos haciendo. La cuarta, es adquirir una capacidad de concentración tal, que nos permita detectar rápidamente lo inesperado –que muchas veces desechamos por sorprendente– o lo sorprendente –que muchas veces desechamos por inesperado–. En este contexto encaja perfectamente la cita de Louis Pasteur, sobre las disciplinas basadas fundamentalmente en las técnicas de observación a través del microscopio. Y la quinta y última es, que cualquier hipótesis de trabajo es tremendamente inestable y precisamente por eso no debemos obsesionarnos en ella. Una vez planteada, debemos ser absolutamente conscientes y tener siempre en mente, que la hipótesis PUEDE SER CORRECTA o NO.

Si el doctorando tiene que abordar un trabajo experimental, pero no hay un protocolo universal para realizarlo, debe valorar lo que han hecho otros investigadores. Para ello, resulta muy conveniente revisar todos los artículos –o los que estén al alcance– en los que aparezca alguna variación de dicho protocolo. Puede hacerse un resumen de unos cuantos, indicando las variables que tienen en cuenta sus autores. Posteriormente, hay que analizar cuáles son las más repetidas, seleccionarlas y analizar si son idóneas para ser utilizadas en nuestro modelo. Por ejemplo, supongamos que queremos realizar una infección de células fagocíticas humanas con una especie bacteriana patógena. El estudio se realizará *in vitro*, y básicamente consistirá en poner en contacto las bacterias con las células y ver qué pasa. La primera pregunta surge de inmediato: ¿Cuánto tiempo debemos poner en contacto las bacterias con las células? Esto podría ser a priori totalmente empírico, pero podemos buscar en la literatura autores que han realizado un experimento similar, con la misma especie bacteriana y con el mismo tipo celular, o con una especie parecida en otros tipos celulares y sacar nuestras propias conclusiones sobre qué tiempo de infección sería el ideal/óptimo en nuestro caso. Así pues, nos molestaremos en recoger los datos de 20 publicaciones –o más– y haremos una tabla donde se visualicen los tiempos de infección utilizados en esos artículos, para obrar en consecuencia, seleccionando y utilizando los tiempos más recurridos por todos los autores y que encajen en nuestro contexto biológico. El tiempo es tan solo una variable, pero se puede ir construyendo un modelo propio de infección de esta manera, en base a lo que está ya publicado, observando y valorando lo que han hecho nuestros predecesores en el campo, aunque nadie lo haya hecho exactamente con nuestra especie bacteriana patógena, y/o nuestra línea celular fagocítica. Esta es una buena manera de darnos cuenta de la gran variabilidad existente entre unos laboratorios y otros respecto a un mismo protocolo experimental. Y también nos sorprenderemos a menudo de los enfoques tan dispares que existen para realizar el mismo protocolo y de los distintos resultados que una pequeña variable introduce en el sistema.

Después de estos numerosos problemas y preguntas, llega el ansiado momento del éxito. Éste sobreviene cuando el doctorando realiza un experimento él solo. Su primer experimento. Sin ayuda de otro doctorando, de un postdoctoral, o de su jefe. Tras el primer experimento realizado satisfactoriamente y de forma independiente, llegarán otros y el doctorando comenzará a darse cuenta de que posee unas condiciones compatibles con las exigencias del trabajo experimental que le espera. Además, el jefe no confiará plenamente en que el doctorando está realizando su trabajo correctamente hasta que éste haga las cosas solo y las haga bien. A partir de ahí, la confianza debería permitir que el doctorando pudiera tomar decisiones por su cuenta en el laboratorio. Realizar con éxito el primer experimento es una gran satisfacción que quedará anestesiada por el éxito en el segundo experimento y luego en el tercero y así sucesivamente, hasta que llegue el éxito de una publicación como primer autor y luego la satisfacción de la segunda, etc. Una lista de éxitos que se incrementa con el tiempo. Descubrir cosas y darlas a conocer a la sociedad proporciona una gran satisfacción mental.

El cuaderno de laboratorio

Largo es el camino de la enseñanza por medio de teorías; breve y eficaz por medio de ejemplos.

Séneca

La lectura hace al hombre completo; la conversación lo hace ágil; el escribir lo hace preciso.

F. Bacon

Hay que documentar suficientemente el trabajo que se realiza en el laboratorio. Esta documentación puede ser incluso requerida por el Editor o los revisores de alguno de los artículos que se envíen para su publicación en revistas científicas y que estén basados en experimentos realizados por el doctorando. Por lo tanto, hay que tomar buena nota de todo lo que se hace en el laboratorio.

Evidentemente, el cuaderno de laboratorio, al igual que los aparatos o los reactivos, es propiedad del laboratorio, no del doctorando. Una vez terminada la Tesis, el cuaderno permanecerá en el laboratorio como aval de lo que se ha realizado. Gracias a esto, cualquier nuevo becario o investigador que quiera continuar con el trabajo iniciado por un doctorando, podrá aprender fielmente a partir de lo que su predecesor ha dejado escrito y documentado.

La recomendación es pues, que se tome nota de absolutamente todo lo que se hace en el laboratorio. Esta tarea es ardua, o incluso penosa, ya que requiere normalmente de un trabajo extra al finalizar la jornada para transcribir lo que se ha realizado durante la misma. Algunos investigadores más hábiles o disciplinados, pueden permitirse incluso realizar una técnica y anotar inmediatamente el procedimiento y el resultado. Sea como sea, antes, durante o después de los experimentos, hay que tomar nota de lo que se ha hecho. Por supuesto, también se deben anotar los errores cometidos, con vistas a no repetirlos y a que no los cometan nuestros sucesores.

Actualmente, la tecnología nos permite ahorrar tiempo. Algunos investigadores graban en video las técnicas que se realizan en el laboratorio. Estos vídeos —con imagen y sonido— no solo sirven para posteriores presentaciones en Power-Point, sino que además, permanecen disponibles a cualquier miembro del laboratorio que quiera aprender la técnica y no haya podido presenciar su realización. Esto es muy útil sobre todo para los jefes de grupo, que deben enseñar la misma técnica año tras año, a todos los doctorandos. Los ejemplos visuales son la teoría más eficaz. Estas grabaciones pueden realizarse incluso con los teléfonos móviles modernos y pueden ser transcritas a papel en cualquier momento. La tecnología puntera permite incluso utilizar bolígrafos y cuadernos digitales, que permiten tomar notas y pasarlas directamente a un ordenador a través de USB, para tenerlas en un formato digital fácilmente accesible, modificable, imprimible y transferible.

Todas estas herramientas deben ser conocidas por los doctorandos, que podrán elegir la que crean más conveniente, con el objetivo de no perder detalle de todas las informaciones técnicas que circulan en un laboratorio.

Además, los vídeos son la última moda. Los libros y artículos dedicados a protocolos han pasado incluso ya a la gran pantalla. Es decir, no al cine, pero sí a la red, donde podemos encontrar multitud de técnicas explicadas en directo por los investigadores. Esto es tremendamente útil, y el doctorando de cualquier laboratorio de ciencias debe conocerlo desde el primer día. No solo tenemos YouTube, donde con palabras clave podemos encontrar casi de todo, sino también, sitios más especializados en ciencia, como la revista en formato visual JoVe (Journal of Visualized Experiments) http://www.jove.com/ pionera en el uso de vídeos para explicar experimentos científicos. Por un lado, se pretende ayudar a la reproducibilidad y por otro, se gana muchísimo tiempo si se quiere aprender una nueva técnica. Está también LabTube http://www.labtube.tv/ donde podemos encontrar desde aprendizaje de protocolos y realización de experimentos, hasta demostraciones de productos de laboratorio o clases magistrales de profesores universitarios. ¿Por qué no hacer una sección de vídeos de las técnicas que realiza nuestro laboratorio y ponerla a disposición de todo el grupo?

Habilidades tangenciales

Hay muchas personas avezadas en la materia, e incluso estudios de grandes universidades, que invitan a reflexionar sobre el excesivo número de doctorandos en ciencias biomédicas que engendran las universidades de todo el mundo. Ojalá los gobiernos crearan los puestos de trabajo suficientes para que toda esa fuerza de trabajo generara beneficios sociales. Pero de momento no es así. Habría que ir pensando en diversificar los conocimientos que los departamentos científicos son capaces de insuflar a sus estudiantes de doctorado. El periodo predoctoral es ideal y clave para incrementar las "habilidades" del investigador. Evidentemente, el foco debe ponerse sobre el tema de Tesis, pero hay multitud de habilidades que se pueden desarrollar en paralelo. Muchas de ellas las realizará el doctorando sin darse cuenta, o las aprenderá durante sus años en el laboratorio, aunque no sepa que las está aprendiendo. De estas habilidades dependerán enormemente las posibilidades de encontrar un trabajo más adelante, tanto si se quiere continuar con la investigación, como si se quiere dejar el laboratorio y trabajar en el sector privado, o en un campo completamente diferente al de los experimentos y los artículos científicos. Estas habilidades incluyen las que necesitamos aprender exclusivamente para investigar, pero también cualquier otra que sea potencialmente útil para nuestro futuro próximo. Algunas de estas habilidades que ya poseemos o que podemos desarrollar durante nuestro doctorado, nos ayudarán en nuestro siguiente trabajo. Hay que tener siempre presente que muy probablemente nos van a contratar NO por lo que sabemos, sino por lo que seamos capaces de hacer con lo que sabemos. Una vez que tengamos esas habilidades, hay que destacarlas en el CV y en las cartas de presentación. La mayoría se adquieren con la lectura. Los buenos hábitos de lectura contribuyen a la nutrición intelectual. Los malos hábitos de lectura, a la anorexia mental y al estancamiento.

Por supuesto, hay que citar en primer lugar el **conocimiento de un idioma extranjero**. El inglés para empezar, pero cualquier otro servirá también para dar un toque políglota a nuestras habilidades. Nunca se sabe en qué país vamos a continuar nuestra carrera científica pero, por supuesto, el inglés es obligatorio.

Hablar en público. Esta habilidad depende de las posibilidades que tengamos de realizar un número elevado de charlas de laboratorio, en comunicaciones orales a congresos, o en los ensayos de la Tesis Doctoral. Algunos consideran que hablar bien en público es un arte, e incluso un complemento perfecto de la excelencia científica. Las empresas quieren buenos oradores para sus plantillas, sobre todo para labores comerciales. No hay que dejar pasar las oportunidades que brindan las presentaciones orales para mejorar este aspecto. Mejorar poco a poco nuestra comunicación oral es una inversión a medio-largo plazo que hay comenzar desde etapas tempranas de la carrera científica.

Escribir con eficiencia y corrección. Durante la Tesis, tendremos la posibilidad de redactar numerosos escritos científicos. Esto se le da bien a muchas personas, que plasman rápidamente en papel lo que sus lectores quieren leer, como en el caso de la escritura de proyectos, de artículos, de comunicaciones a congresos y sobre todo, de la Tesis Doctoral. Mejorar nuestra gramática y nuestra retórica es de gran ayuda a la hora de redactar una carta de presentación o un resumen de nuestro CV. Leer libros nos ayuda a escribir con eficiencia y corrección, y escribir con eficiencia y corrección nos ayuda a hablar con eficiencia y corrección.

Mecánica e informática. Hay muchos doctorandos que son habilidosos reparando aparatos en el laboratorio. Son los "manitas". A ellos recurren sus compañeros –o incluso gente de otros laboratorios– para que solucionen problemas técnicos o informáticos. Hoy en día, los problemas informáticos son unos de los principales quebraderos de cabeza de la gente que trabaja en el laboratorio, ya que siempre se cometen errores durante el manejo del correo electrónico, las bases de datos, el hardware, los programas específicos para algún aparato del laboratorio, o durante el trabajo con discos duros externos o con impresoras y otros periféricos. Estas personas dotadas para la informática son muy solicitadas sobre todo por agentes externos a la propia investigación. Por eso, hay que incluir también en el CV los programas informáticos que se manejan con soltura.

Tus propios recursos on-line. Hoy en día, crear tu propia página web o tu propio blog es relativamente sencillo y rápido. Esto puede darnos a conocer a grupos de investigación que puedan ser dianas de nuestro destino postdoctoral en el futuro. Es también un canal para dar salida a resultados suplementarios de nuestras publicaciones, como fotos o vídeos, que no han podido ser insertados en los artículos. Podemos mostrar nuestras aficiones y ofrecer a otros nuestra ayuda –o también recibirla–. Si nuestro grupo ya posee su propia página web, debemos ayudar a que se mantenga actualizada, ya que el jefe de grupo –que seguramente fue quien la inició– probablemente ya la tenga desatendida. El doctorando que posee aptitudes informáticas orientadas a estos fines puede mostrar con ellas una buena carta de presentación para el próximo laboratorio.

Actividad docente. Puede ocurrir, que durante el segundo, tercer o cuarto año de la Tesis, surja la posibilidad de dirigir –al menos durante el aprendizaje de una técnica– a un recién llegado. Incluso, el jefe del laboratorio puede pedir a un doctorando que colabore en la impartición de clases prácticas en su centro de investigación o en la universidad. En algunos casos, el doctorando descubre en la docencia una inesperada vocación. Estas actividades de colaboración docente deben constar en el CV del doctorando, pues el poseer capacidades educativas está muy bien visto de cara a una carrera científica con algún tipo de carga docente. Evidentemente, cualquier carga docente restará tiempo a la investigación en el laboratorio y es el propio doctorando el que debe elegir realizar estas tareas o no. Y por supuesto, el jefe debe respetar su decisión, ya que el doctorando podría no querer apartarse de la investigación que tiene entre manos y preferir que el jefe delegue esas cargas docentes en otras personas.

Ser capaz de **manejar muchas técnicas e información a la vez**. En la mayoría de casos, los doctorandos tienen que realizar varios experimentos a la vez. Además, hay que utilizar numerosos aparatos diferentes y sacar tiempo y esfuerzo para asistir a charlas, preparar el cuaderno de laboratorio y ocuparse de otras tareas menos rentables. Por otro lado, hay gente que se siente cómoda realizando una única actividad a la vez. Una vez terminada ésta, se pasa a la siguiente y así se va avanzando de manera lenta pero segura. Esto no está mal, pero las personas que pueden realizar varias cosas a la vez poseen un valor añadido para los responsables de recursos humanos.

Uno o más directores de Tesis

El doctorando no debe confiar ciegamente en su jefe para que su Tesis Doctoral avance. Cuando el doctorando lleva ya un tiempo en el laboratorio, puede ocurrir que de repente se de cuenta de que su director de Tesis ha cambiado, o de que ya no tiene un solo, si no dos, o tres. Alguno de los postdocs con más experiencia o que llevan más tiempo en el laboratorio, lo ha cogido de la mano y se está encargando de dirigir el trabajo. El jefe "oficial" puede estar demasiado ocupado para seguir personalmente la evolución del doctorando y delega esta responsabilidad en estos subordinados. Ya que dicho subordinado es el que trabaja codo con codo con el doctorando –al menos en la parte de enseñanza-aprendizaje– pasa automáticamente a ser el codirector de la Tesis. Esto no debe suponer ningún trauma. Todos salen beneficiados. El jefe "teórico" puede seguir ocupándose de sus asuntos "más transcendentales" o de la política. El jefe accidental podrá incorporar una Tesis dirigida a su CV, lo que repercutirá en su carrera científica, y el doctorando tendrá un jefe físico, cercano, que se ocupe de sus preguntas y necesidades.

Otras veces, la sorpresa es mayor cuando se aproxima la fecha de finalización del manuscrito o de inscribir la futura Tesis en el registro de la Universidad y aparece un tercer director. Por supuesto, los tres no han contribuido de forma equitativa a la dirección de la Tesis, pero van a figurar como directores de la misma. Esto es debido principalmente a favores debidos/prestados, muchas veces de tipo endogámico, donde alguno de los firmantes sale muy beneficiado en relación al esfuerzo de dirección que ha hecho. Incluso, alguno de ellos ni siquiera ha leído el manuscrito, o lo que es peor aún, no ha tenido la cortesía de conocer al doctorando. Sin duda se han dado y se darán casos de este tipo. No imagino la enorme brillantez que puede tener una Tesis Doctoral dirigida por tres científicos de prestigio que se hayan implicado a fondo en la misma. Desde luego, la formación del doctorando debería ser impresionante en estos casos y por supuesto, la calidad científica final del manuscrito de Tesis sería proporcional. Pero normalmente, la realidad es que la brillantez de un doctorando y de su Tesis Doctoral no es directamente proporcional al número de directores. Por muchos directores que haya, el doctorando debe identificar rápidamente cual es el verdadero y basar en él las expectativas de su crecimiento intelectual y las del rigor científico de su manuscrito de Tesis. Además, muchos doctorandos pensarán que, si ya es difícil que una relación doctorando-director sea idílica, cuanto más complicado será con dos o más.

Discusiones con el jefe o con los compañeros

Las discusiones fuera de tono con el jefe aparecerán en algún momento de la Tesis, bien sea por motivos científicos o personales. Esto es inexorable, es decir, por definición, ocurrirá. Es inevitable. Si llega un punto en que las discusiones son frecuentes, es que las cosas no van bien y en algunas ocasiones ya no se pueden enderezar, por lo que hay que hablar sin tapujos y tomar decisiones. No hay que tener miedo a evidenciar situaciones incontrolables, por mucho respeto que imponga el jefe del grupo. El doctorando debe ser políticamente correcto e indicar que las cosas van mal, o incluso van de mal en peor. Evidentemente, a los ojos del jefe, él siempre —o casi siempre— tendrá razón, ya que es poseedor de una mayor experiencia, a la que sin duda hará alusión si le conviene. Pero, negociar también es un arte que se puede aprender durante la Tesis. Y terminar bien una relación de varios años es lo mejor que le puede pasar al doctorando. Recordemos que al finalizar la Tesis Doctoral, el jefe será más útil al doctorando, que viceversa. Esto es así porque llegado el momento, el director de Tesis sabrá las respuestas a muchas preguntas que se hará el doctorando de cara a conseguir un puesto de trabajo. Entre otras cosas, el jefe podría proporcionar los contactos científicos clave para entrar en una institución, o una carta de recomendación necesaria para optar a un puesto de trabajo, o a una beca.

Ahora bien, hay laboratorios en los que los doctorandos sufren mucho. Esto es así debido a lo que denomino "la ley de Dawkins" (en honor al autor de "el gen egoísta"). Primero, cada ser humano es completamente distinto a otro. Y segundo, los seres humanos piensan primero en sí mismos y luego, describiendo círculos concéntricos, en las personas que comparten más genes con ellos. Su mujer o marido, su pareja, sus hijos, sus parientes, y por último, los genéticamente distantes pero socialmente sinérgicos "amigos". Este segundo punto explica muy bien ciertos comportamientos humanos. Desde como pelean las abuelas por un puesto en primera fila para sus nietos, junto a las vallas que delimitan la cabalgata de reyes; hasta los padres furibundos que gritan e insultan desde la grada en los partidos de fútbol que juegan sus hijos de 6 años. Primero nuestros genes, luego los de los demás.

Pues bien, algunos jefes carecen de cualquier átomo de empatía, otros creen que primero son ellos y sus intereses y luego, ellos y sus intereses otra vez. Debido a esto, muchos becarios tienden a incrementar su umbral de sufrimiento mental a medida que se repiten las discusiones, acumulando pensamientos tóxicos contra sus jefes. Estos pensamientos tóxicos son liberados por la boca en cuanto pisan la cafetería o terminan su jornada laboral, evitando incluso el disfrute de su vida privada. Aquí, el mejor consejo es intentar aguantar la tormenta hasta que la Tesis llegue a puerto. Eso sí, no todos tienen la suficiente capacidad de abstracción mental para recuperarse de este tipo de hostilidades por parte de su jefe. Si el jefe es incluso más canalla de lo que uno cree, el doctorando puede derrumbarse emocionalmente y si la tormenta continúa más allá de lo que se puede soportar, hay que abandonar el barco, o sea, el laboratorio. Normalmente, los directores de Tesis han dirigido a muchos doctorandos y saben cuándo deben o no apretar las tuercas para incrementar la productividad de éstos. Muchos —aunque no todos— se dan cuenta de que si el doctorando carece de las cualidades adecuadas para realizar un trabajo óptimo dentro de la media, no vale la pena someterlo a una degradación humillante o a continuas reprimendas en presencia de otros miembros del grupo. Lo ideal es que ambas partes se comporten de manera madura y profesional, cedan donde haya que ceder y piensen en el beneficio mutuo, del que ya hemos hablado en los capítulos iniciales. No es fácil poner buena cara cuando el ambiente es malo, pero el jefe y el doctorando tienen que hablar de grupo, no de individuos. Es un fracaso importante que el doctorando no pueda decir en el futuro que trabajar en un laboratorio en concreto ha sido una experiencia clave para su carrera. Tengo que añadir en este punto, que uno de los mejores aparatos con los que se puede dotar a un laboratorio es una máquina de café, gracias a la cual se puede compartir una charla reconciliadora y una bebida estimulante. No en vano, los cafés, junto con las cañas de cerveza, son los mejores lubricantes sociales.

Con los compañeros de laboratorio pueden ocurrir situaciones parecidas. Se abren las hostilidades. Muchos casos son debidos a la competitividad interna —a veces generada entre ellos por el propio jefe–. El ambiente de laboratorio tiene que ser cordial para que los proyectos avancen. Solo los necios no son capaces de ver los beneficios de la cordialidad entre compañeros. Una magnífica receta es la ayuda mutua y la generación de un ambiente entusiasta, incluso festivo; y por supuesto, la empatía, que es un punto de apoyo importante para desplazar las discusiones. Termino repitiendo lo de antes, no es fácil poner buena cara cuando el ambiente es malo, pero los doctorandos tienen que hablar del grupo, no de ellos mismos.

Escritura del manuscrito de la Tesis Doctoral

*Los detalles menores son los que definen la perfección, y la perfección no
es ningún detalle menor.*

Miguel Ángel

Dentro de un año usted pudiera desear el haber comenzado hoy.

K. Lamb

No tenemos poco tiempo, sino que perdemos mucho.

L. Séneca

*Hay que poner las manos en aquellas obras cuyo final puedas o ponerlo
tú, o, al menos, esperarlo; hay que desechar aquellas que van
ampliándose durante su realización y no acaban donde te propusiste.*

L. Séneca

Una buena parte de los conocimientos adquiridos por los
doctorandos durante su etapa doctoral se reflejará en su
manuscrito de Tesis. Éste, debe ser escrito íntegramente por
el doctorando y corregido íntegramente por el director,
aunque en la práctica, algunos directores científicos se ven
implicados de lleno en la redacción, bien sea porque el
doctorando es extranjero y no conoce perfectamente la
gramática autóctona, o bien por otros oscuros motivos,
como la posible urgencia de citar en el CV que se han
dirigido Tesis Doctorales. En muchos casos también, el
trabajo editor del jefe es tan amplio que se ganaría mucho
tiempo si la Tesis fuera escrita íntegramente por el propio

director. Aquí, el doctorando no ha sabido prever que el momento de una redacción de esa envergadura llegaría.

Sea como sea, el manuscrito pertenece al doctorando y éste debe ser totalmente consciente y conocedor de lo que en él se refleja. Como se trata de escribir para que otros lo lean, una gramática correcta y una escritura fácil y amable harán que la Tesis sea más atractiva. Por supuesto, el contenido científico es más importante que la forma, pero hay que mejorar el aspecto estético en la medida de lo posible. Sobre todo si disponemos del tiempo suficiente para hacerlo.

El doctorando no debe comenzar —ni mucho menos finalizar— un tema de Tesis que no entienda plenamente. Como ya hemos dicho, el período doctoral solo es el comienzo de la vida científica, así que, cuanto antes comience el doctorando a escribir de forma autónoma sus textos científicos —empezando por su Tesis y continuando por sus publicaciones— mucho mejor.

Si tenemos en mente la globalidad de la Tesis Doctoral, es decir, TODO lo que hemos hecho durante los años en que somos estudiantes predoctorales, seremos capaces de contestar a esta cuestión: Resume en una sola frase tu Tesis Doctoral. Si tenemos perfectamente clara la respuesta, entonces debemos hacer que todas las partes del manuscrito —apartado por apartado— muestren una convergencia total hacia esa respuesta.

El manuscrito de Tesis tiene una estructura bastante similar en todos los centros universitarios e institutos de investigación, aunque puede haber ciertas variaciones que el director y el doctorando deben conocer. Básicamente, las partes principales de la Tesis son: introducción, objetivos, materiales y métodos, resultados, discusión, conclusiones y bibliografía. Esta estructura también se repite en la mayoría de artículos científicos, donde los "objetivos" se reflejan normalmente al final de la introducción, en una o varias frases y las conclusiones pueden ser resumidas al final de la discusión, sin necesidad de un apartado exclusivo.

Además, se suelen incluir apartados como: agradecimientos —más extensos en el manuscrito de Tesis que en los artículos—, índice, resumen, propósito y anexos. Los anexos suelen estar reflejados como "material adicional o suplementario, que en los artículos está disponible on-line" principalmente por la falta de espacio físico en las revistas.

Cualquier técnica de laboratorio se perfecciona con la práctica. Con la escritura de la Tesis Doctoral ocurre lo mismo, uno no se vuelve de repente William Shakespeare, o Rosalía de Castro.

El doctorando ya comienza a mejorar su escritura al leer artículos científicos y posteriormente, cuando empieza a redactar las partes del manuscrito. No se debe redactar algo para que parezca inmediatamente perfecto a los ojos del director. Al principio, simplemente hay que escribir todo lo que se pueda, leerlo varias veces con calma —con mucha calma y concentración– y entregar al director la mejor versión posible, y ya se encargará éste de pulirla. Incluso, habrá que traducir o transcribir literalmente algunos párrafos de otras Tesis o de artículos relacionados con el tema y no pasa nada, para muchos doctorandos es una forma útil de avanzar y no quedarse atascado. Evidentemente, el plagio es punible, pero no así la inspiración de un inexperto.

Si de todos modos el doctorando se atasca en un apartado en concreto, debe dejarlo temporalmente y continuar escribiendo otro, hasta que sea capaz de retomar las partes que ha pausado. Sobre todo, el doctorando tiene que ser consciente de que el texto que entrega a su director va a ser corregido inexorablemente durante todas las versiones. Siempre. Si se acepta y se asume esta premisa, se sufrirá menos al ver dichas correcciones. Recordemos que, al igual que durante la observación de un fenómeno por distintos científicos, la realización de un experimento por distintos becarios y la interpretación de unos resultados por distintas personas, lo que se escribe depende de la mente de quien lo escribe, y lo que se lee, depende de la mente de quien lo lee. No escribe igual una mente preparada –como la del director de Tesis– que ya ha escrito mucho y corregido mucho, que la mente de un doctorando, que no tiene tanta experiencia.

El doctorando debe ser consciente de que el proceso de escritura y corrección es relativamente largo y tedioso, por lo tanto, la mejor forma de comenzar a escribir la Tesis

Doctoral es "comenzar" a escribir. Si, algo obvio, pero a veces difícil. No es aconsejable comenzar a escribir una vez que se han terminado todos los experimentos –si estos pueden terminarse alguna vez– ya que esto suele acontecer cerca de la finalización del contrato de trabajo, o de la beca del periodo predoctoral. Si el doctorando ya no recibe una remuneración, esto supondrá un estrés. Si debe buscar trabajo, más estrés. Si se apunta al paro y a las prestaciones por desempleo, corre el riesgo de ser reclamado para otro trabajo y no podrá disfrutar del tiempo suficiente para escribir de forma cómoda. Además, puede estar cerca algún plazo para solicitar una beca postdoctoral con la que continuar su carrera. Por todo ello, es aconsejable comenzar a escribir cuanto antes y no solo cuando se finaliza totalmente el trabajo y el escaso tiempo que nos queda hasta la *defensa* nos obliga a ser altamente resolutivos. Por ejemplo, en cuanto se publica un artículo, se debería traducir inmediatamente al idioma nativo y dejarlo a punto para que pueda ser incorporado a la Tesis.

En muchos casos, los doctorandos tienen la sensación de que su trabajo experimental no es suficiente para completar una Tesis. La Tesis Doctoral perfecta no existe. De hecho, la mayoría tienen fallos –algunas hasta fallos muy gordos– o podrían completarse con más y mejores experimentos. Hasta el infinito. Recordemos que el manuscrito solo es una parte –aunque muy importante– del proceso doctoral. Otra parte importante es saber defender lo que se ha escrito y demostrar independencia, espíritu crítico y rigor científico. Esto se puede conseguir con 600 páginas o con 125.

¿Y donde escribe el doctorando su Tesis Doctoral? Básicamente las opciones son 4, en el propio laboratorio, en la biblioteca, en una cafetería, o en casa. Todos estos lugares tienen sus ventajas y sus inconvenientes, si bien, se pueden establecer todas las combinaciones posibles de uno o varios de estos emplazamientos. En el laboratorio habrá mayor número de distracciones, seguido por la cafetería. En la biblioteca podemos ocultarnos bien de posibles interrupciones. Un sitio ideal es el hogar dulce hogar. Nunca habrá interrupciones si apagamos el móvil y Facebook; podemos escribir en pijama, atacar la nevera todo el tiempo que queramos y sobre todo no tendremos a nadie a nuestro alrededor controlando lo que hacemos. Una desventaja de escribir en casa es que el doctorando puede quedarse algo descolgado del grupo, por lo que recomiendo estar al tanto de lo que ocurre en el laboratorio. Lo mejor es hacer alguna visita esporádica para ver como avanza el trabajo del grupo o de los experimentos que nos salpican directa o indirectamente, y sobre todo para hacer preguntas y pedir consejos al jefe respecto al manuscrito. Un buen momento para hacer acto de presencia son los seminarios de grupo. Así matamos dos pájaros de un tiro.

El doctorando, normalmente, no sabe por dónde comenzar a escribir. En este punto, es bueno acudir a otras Tesis para hacerse idea de cómo las han escrito otros doctorandos. En la biblioteca del centro –en papel– o en internet –en formato pdf– hay numerosas Tesis Doctorales accesibles a todo el que quiera consultarlas. Basta con teclear "Tesis Doctoral" (o PhD Thesis) y "pdf". Algunas direcciones útiles son: www.educacion.es/teseo, www.ethos.com , www.theses.com.

Además, en las páginas web de muchas universidades podremos encontrar un repositorio de Tesis Doctorales que también son accesibles *on-line*. Este es un buen comienzo. Incluso muy posiblemente podremos encontrar algún tema de Tesis muy afín al que nos ocupa y que puede servir como molde, sobre todo en cuanto a su estructura y organización, pero también respecto a los temas a tratar en la introducción, al formato de las gráficas, o a la extensión de las descripciones de las técnicas en la sección de materiales y métodos, etc. El Director de la Tesis también podrá aconsejar o incluso donar algún ejemplar de su biblioteca particular que sea especialmente útil al doctorando. No hay que perder el tiempo pensando por dónde empezar, hay que empezar. Hay que ponerse a escribir, por ejemplo, por la parte que veamos con más claridad en nuestra mente.

Es muy importante tener en cuenta cómo ha orientado el trabajo del doctorando su director de Tesis. Si ha habido bastantes conversaciones entre ambos durante el transcurso de los experimentos, el doctorando tendrá una idea bastante clara de cómo redactar su Tesis.

En algunos casos, la Tesis Doctoral puede ser la continuación de otras Tesis que haya producido el departamento o el grupo de investigación. O incluso puede formar parte de una serie muy similar de Tesis Doctorales, que tienen un nexo o un antecesor común y que se ocupan de varios aspectos de un mismo campo de trabajo. Por ejemplo, la caracterización de una nueva línea celular. Un doctorando puede haberse ocupado inicialmente de su aislamiento y de los métodos utilizados para ello. Otro a posteriori, puede haberse encargado de su caracterización bioquímica o celular, otro de su caracterización genética o molecular, etc. En algunos casos, un grupo de investigación puede ser devoto de un complejo proteico que los sucesivos doctorandos tratan de desenmarañar y cada doctorando se encargará de la completa caracterización de alguna de sus partes constituyentes, en sendas Tesis Doctorales. En estos casos, muy probablemente los materiales y los métodos de las Tesis compartirán muchos aspectos en común, por lo que esta sección de la Tesis será más asequible a la hora de comenzar a escribir.

También, el apartado material y métodos es un buen comienzo si se ha publicado algún artículo —o varios— sobre el tema de Tesis. De este modo, se puede empezar a recopilar la información publicada, junto con la información extra que se ha ido sedimentando en el cuaderno de laboratorio. Seguro que hay muchos datos para ir completando los protocolos que en los artículos solo son citados por una referencia, o que se describen muy brevemente debido a las restricciones de espacio dictadas por las normas para los autores de las revistas.

No hay que esperar a tener cada sección de la Tesis perfecta, los errores son parte inevitable de la escritura, pero ya habrá tiempo de pulirlos a medida que el director va corrigiendo. No se trata de comenzar con una escritura sin fallos, si no de que no existan fallos en la última versión, la definitiva.

Hay que conocer a fondo las herramientas útiles del software para escribir y editar documentos. En este caso, las herramientas de revisión y corrección ortográfica son una ayuda ineludible antes de presentar una versión al director de Tesis. Por ejemplo, pulsando el icono de Revisar-Ortografía y Gramática de Microsoft Word.

En la mayoría de disciplinas científicas, la Tesis Doctoral implica una contribución novedosa al intento de solución de un problema. Esta contribución, en la mayoría de ocasiones se traduce en la explicación de un fenómeno concreto en base a lo que se ha intentado imitar en el laboratorio –por ejemplo mediante un modelo– y no solo la mera descripción de dicho fenómeno. Descripción Vs Explicación. La recolección de datos –por ejemplo, en algunas áreas de la medicina– hace que las Tesis Doctorales sean enteramente descriptivas, con lo que, además de aburridas, no aportan nada nuevo en cuanto a la solución de un problema y tan solo sirven para conocerlo un poco mejor, o contextualizarlo. Estas Tesis Doctorales descriptivas puede realizarlas cualquiera que tenga el más mínimo interés por la métrica o la estadística, no alguien que aspira a tener un pensamiento crítico. Realizar una Tesis Doctoral no solo debería implicar medir y contar —aunque se utilicen herramientas muy avanzadas para ello— también hay que explicar. Describir es fácil, pero saber explicar requiere además de habilidad a la hora de escribir.

Una versión del manuscrito de la Tesis Doctoral que se ha extendido en los últimos años, es aquella en la que, tras haber publicado varios artículos sobre el tema de Tesis, éstos son integrados en una especie de resumen global. Ese resumen suele constar de una introducción más o menos extensa en español y un resumen de la discusión y conclusiones más relevantes. A continuación, se suelen adjuntar todos los artículos publicados por el doctorando, en versión original. Y este conjunto es interpretado como su Tesis Doctoral. No es necesario —aunque es aconsejable y está muy bien visto— que el doctorando sea el primer autor de todos los artículos que produce su Tesis. De nuevo aquí, surge el dilema sobre la posición de la autoría. Si el doctorando ha incluido en su "Tesis por artículos" algunos en los que no es primer autor, podría no conocer exactamente lo que se ha realizado en ellos, aunque el tema de esos artículos sea el tema principal de la Tesis del candidato. El director de Tesis, debe informar en todo caso al doctorando, de esta alternativa al manuscrito clásico. Además —como expondré más adelante— el haber publicado resultados en publicaciones con un sistema de revisión por expertos, aporta mucha tranquilidad al doctorando y solidez y rigor al trabajo de Tesis.

Algo muy importante y nada trivial, es la realización de copias de seguridad electrónicas de la Tesis Doctoral, a medida que se va avanzando en su escritura. Hasta hace no muchos años, la pérdida de las últimas versiones de las Tesis era un verdadero foco de desdichas para los doctorandos. Actualmente, hay herramientas de auto-guardado, que permiten la realización de copias de seguridad de todos los documentos, e incluso de un disco duro completo. Las copias de seguridad son muy importantes, sobre todo en el caso de que la Tesis esté basada en un amplio conglomerado de fotografías digitales. Algunas de estas fotografías han sido capturadas tras una larga búsqueda por los campos del microscopio y perderlas implica emprender de nuevo todo el recorrido. Si nuestros resultados han sido obtenidos en costosos ensayos de campo, durante la captura de animales o de insectos de cariz altamente escurridizo, o incluso en complejas reacciones químicas, la copia de seguridad digital se antoja imprescindible. Si perdemos estos datos, se gana inexorablemente un tiempo extra sin vacaciones.

Partes de la Tesis Doctoral

Agradecimientos

Posiblemente es la parte de la Tesis donde menos tiene que decir el director de la misma. La redacción de los agradecimientos por parte del doctorando es personal y de estilo libre. El apartado de agradecimientos más original que he visto, es sencillamente, uno en el que solo se reflejaba la letra de una canción del grupo de rock Ourensano "Los Suaves". Si eso aparece en unos agradecimientos, puede aparecer cualquier otra cosa. No está de más decir que hay que agradecer al director de Tesis –al menos– sus enseñanzas –aunque hayan sido escasas– o la oportunidad que éste le ha dado al doctorando de conocer el mundo del laboratorio, aunque seguramente algunos doctorandos no querrían agradecer ni siquiera eso. Al final, una vez terminada la Tesis, el deber está cumplido y no habría que perder mucho tiempo en quejarse o en guardar rencor, que es un sentimiento que conlleva una pérdida innecesaria de energía. A partir de ahí, los agradecimientos son libres. Normalmente, es lo primero –y a veces lo único– que se lee de una Tesis Doctoral, así que también tienen su importancia. Además, pueden ser la única parte de la Tesis que entienda cualquier persona de la calle. Algunos afirman que la Tesis solo será leída totalmente por los miembros del tribunal y por el director/es de la misma, y que lo que se lee de verdad son los artículos derivados. Esto es una afirmación gratuita, porque, por ejemplo, si la Tesis se enmarca en una línea de investigación de un grupo consolidado, necesariamente habrá un antes y un después y nuevos doctorandos de esa línea de investigación recurrirán a esa Tesis para profundizar en el trabajo. Y lo mismo harán doctorandos de ramas paralelas o tangenciales al tema de dicha Tesis.

Por supuesto, las personas que nos han ayudado con alguna técnica, los que nos han acogido en sus laboratorios durante una estancia, o los que nos han cedido reactivos o material importante, deberían ser incluidos también en los agradecimientos. A veces la lista puede ser muy larga e incluso alguien puede ser excluido injustamente sin mala intención. Sea como sea, el doctorando tiene el poder en este apartado y puede escribir lo que le plazca. Será su huella de identidad si se marca una copla bonita, o su estigma si compone barbaridades.

Introducción

Lo más habitual es que la Tesis Doctoral comience con la denominada "introducción". En algunas Tesis Doctorales, se sustituye este apartado inicial por el de "revisión de la literatura". Otras incluso, utilizan estos dos apartados juntos, una pequeña introducción y una revisión de la literatura. Sea como sea, el doctorando debe proveer al lector de una introducción estructurada del tema de Tesis, demostrando que ha leído y comprendido la literatura más importante de su área.

Hay que comenzar a redactar este apartado de forma clara y sencilla y terminar de forma más contundente, preparando al lector para que se interese y se centre en el siguiente apartado, que puede denominarse justificación y propósito, propósito a secas (que incluye los objetivos) o solamente, objetivos. Hay que hacer un repaso a la literatura más relevante, prestando especial atención a los apartados que concuerdan exactamente con los experimentos más importantes, o con los puntos fuertes del tema central de la Tesis. No hay que escribir un nuevo tomo de "El Quijote de la Mancha". Tampoco hay que perder mucho tiempo y esfuerzo con temas tangenciales —que seguramente habrá muchos—. Por ejemplo, si nuestro tema de Tesis versa sobre una proteína celular eucariota, y como se produce y secreta, no hay que entrar en detalle sobre todas las implicaciones físicas, metabólicas, bioquímicas, de señalización, estructurales, celulares, tisulares y fisiológicas, etc., —la lista podría ser interminable— en las que dicha proteína puede estar implicada. Hay que integrar cuidadosamente los aspectos más relevantes del contexto de la proteína, no divagar sobre si en el polvo estelar disperso por el universo se podría encontrar algún tipo de proteína similar...

El tamaño de la introducción debería ser grande en su primera versión. Ya se encargará el director de eliminar las partes innecesarias para que la extensión final sea mentalmente manejable. Es mejor escribir mucho —porque luego es más fácil eliminar— que tener que redactar todo de nuevo.

Hay que elegir cuidadosamente las figuras de la introducción. Serán un descanso mental en medio de un montón de texto –a veces demasiado extenso–. Una figura excelente –o incluso espectacular– despertará admiración o incluso emoción en el lector. Por ejemplo, posiblemente una ruta metabólica no sea precisamente lo que despierta emociones en la mente de un científico, pero resulta siempre agradable y relajante a la vista después de leer párrafos y párrafos sobre su composición o conexiones. Si es posible, las figuras deben ser realizadas por el propio doctorando. Esto evidentemente, requiere un esfuerzo adicional y el manejo de alguna herramienta informática de dibujo o fotografía. Debería intentarse siempre la realización de figuras originales. Esto indica además un carácter perfeccionista, y que no se quiere terminar deprisa y corriendo. Utilizar el trabajo de los demás para ganar tiempo podría indicar que el doctorando no es lo suficientemente bueno haciendo esas cosas, o que simplemente es un vago, o no tiene iniciativa ni imaginación. Además, otra ventaja añadida de preparar las figuras uno mismo, es que se aprende bien su contenido y que así pueden ser utilizadas en los posibles trabajos o publicaciones que deriven de la Tesis, incluidos los artículos de revisión. Por otro lado, aunque la mayoría de los doctorandos lo hacen y sus directores lo consienten, si se reproducen figuras directamente de artículos científicos o libros de otros autores (copiar y pegar) debería citarse a éstos y debe figurar también el correspondiente permiso de la editorial. Pedir permiso a una editorial para poder utilizar una figura es un trámite muy sencillo y que no suele presentar ningún problema ni dolor de cabeza.

Objetivos

Al comienzo de la Tesis, el Director encarga la realización de experimentos al doctorando con vistas a cumplir unos objetivos. Estos objetivos se plantean de manera clara y concisa, pero muy posiblemente variarán mucho a lo largo de los meses o años, dependiendo de los resultados que se van obteniendo.

Durante la redacción del manuscrito de Tesis, aunque parezca extraño, estos objetivos suelen ser los últimos en ser redactados –de manera no muy extensa– y deben ser muy hábilmente adaptados a los resultados experimentales obtenidos. Lo mismo ocurre con la hipótesis, de la que ya hemos hablado anteriormente. Para terminar, estos objetivos planteados deben coincidir con los resultados alcanzados.

Materiales y métodos

La escritura del apartado de materiales y métodos es una buena manera de comenzar la redacción del manuscrito y así tomar carrerilla para continuar con el resto de la Tesis.

Para escribir el apartado de materiales y métodos debemos pensar en los investigadores que en el futuro quieran repetir los experimentos que se plasman en nuestra Tesis y por lo tanto, hay que describir con el máximo detalle posible toda la información necesaria para que otros puedan realizar los mismos ensayos. También, hay que pensar en el tribunal que los va a leer en primer lugar y que posiblemente hace tiempo que no se ponen unos guantes de laboratorio. Esto incluye por supuesto los reactivos y material biológico, pero también la manera en que se han utilizado.

Muchos doctorandos prefieren ahorrar tiempo y espacio, y citan directamente la referencia del protocolo descrito por tal autor, en el artículo X. Esto es un error, ya que obligamos al lector a dirigirse a ese artículo para realizar la consulta pertinente. Además, si nuestro trabajo de Tesis pertenece a una dinastía de investigación que lleva años dando frutos en el seno del grupo, quizás un posible sucesor quiera continuar con las experiencias e incluso necesitará aprender de nuestros protocolos, así que, debemos facilitarle las cosas, sobre todo para que tenga la seguridad de estar realizando lo mismo que su predecesor. Y por supuesto, con vistas a la reproducibilidad. La reproducibilidad es la base sólida de la ciencia. Si un experimento o un resultado no se pueden reproducir, no sirven para nada. Bueno, sí, como control de lo que no funciona. Sería interesante plantearnos si en el material suplementario de nuestras Tesis o de nuestras publicaciones podríamos o deberíamos incluir –incluso obligatoriamente– vídeos de las técnicas que utilizamos, con vistas a la reproducibilidad. Esto ayudaría increíblemente a que otros investigadores pudieran repetir los experimentos, ya que una imagen vale más que mil palabras, pero un vídeo es el culmen.

Los resultados

Suceda lo que suceda, aun en los días más borrascosos, las horas y el tiempo pasan.

W. Shakespeare

Los errores ocurren fácilmente, los errores son inevitables. Pero no hay mayor error que el no perseverar.

J. Blake

Hay muchos investigadores que piensan en los resultados solo cuando éstos son ya visibles tras los experimentos. Hay otros que utilizan la regla del 50%. Hay un 50% de posibilidades de que salga un resultado positivo y un 50% de que salga uno negativo, así no se llevan sorpresas. Y hay otra clase de investigadores que especulan con todas las combinaciones posibles de resultados potenciales, antes incluso de realizar el experimento. Esto último hace ganar tiempo en la toma de decisiones dirigidas a realizar el siguiente experimento y además, evita alguna que otra desilusión, y por lo tanto, es muy importante sobre todo cuando se realizan experimentos de larga duración, o cuyos resultados no se van a conocer en el momento. Esto viene a cuento de que la mayoría de doctorandos piensan siempre en cosas como: tengo que hacer este experimento X para ver qué pasa con Y. O, tengo que comprobar si ocurre Z mediante el experimento W. Pocos se paran a pensar en: Al realizar este experimento, solo puedo obtener o A, o B, o C, o D, o E, o F, no hay más posibilidades. Esta manera de pensar nos hace ganar mucho tiempo, porque ya podemos preparar el siguiente experimento, tanto si sale el resultado A, o el B, o el C, o el D, o el E, o el último posible, el F. Tendremos ya un plan para continuar, haciendo ya una predicción de todas las posibles combinaciones que pueden suceder al terminar cada experimento. Esto es válido tanto para resultados cualitativos como cuantitativos.

A veces ocurren contratiempos. Grandes contratiempos. Tras un largo experimento, cuando hay que poner la guinda en forma de reactivo clave, cometemos una equivocación, un error. Y entonces surge la duda, seguir adelante, o tirarlo todo y comenzar de nuevo. Gracias a la recurrida ley de Murphy, todo un día de experimentos se puede desperdiciar gracias a un fatídico paso en falso en el último momento. Pero bueno, solo el que no trabaja no comete errores. El doctorando se encontrará muchas veces con largas jornadas de trabajo y un despiste a última hora puede hacer que el día se considere perdido. En estos casos, no hay que tirarse de los pelos. Hay que admitir mentalmente que los errores ocurren. No hay que desesperarse, hay que reaccionar con calma, como si tal error no hubiera ocurrido, recoger el sitio de trabajo, apagar el ordenador, apagar las luces, cerrar la puerta, e irse a casa tranquilamente. Mañana será otro día, hoy solo queda descansar bien. Es mejor reposar y comenzar de nuevo al día siguiente. Las cosas saldrán mejor la próxima vez. Hay que olvidar los errores cuanto antes, aprender de ellos y solo pensar en no volver a cometerlos.

En cuanto a los resultados negativos, es decir, cuando una bacteria B no crece en un medio de cultivo M; cuando una planta P no expresa el gen G; cuando un ratón R no responde al estímulo E; cuando una mutación M no se expresa en las células C, pues se tiende a pensar que todo ha sido una pérdida de tiempo. Esto es así porque en ciencia, la mayoría de las veces esos resultados no son los a priori más excitantes y lo divertido y fascinante habría sido ver a la bacteria aparecer en el medio de cultivo, a la planta expresar el fenotipo, al ratón moviendo la patita para responder al estímulo o a las células produciendo la proteína.

Se asocia la palabra "negativo", o el NO (NO me ha salido el experimento), con algo malo, improductivo. Esto es un error. ¡Lo negativo es bueno! Es bueno desde el punto de vista de que hemos reducido el número de experimentos que tenemos que realizar para comprobar nuestra hipótesis.

Además, si hemos obtenido un resultado negativo, ya no tenemos que esperar a realizar los experimentos para obtener uno positivo. Ese resultado positivo no va a ocurrir. Por lo tanto ¡el resultado negativo nos ha ahorrado tiempo! Y eso es bueno.

Cuando se obtiene una gran cantidad de datos cuantitativos (por ejemplo, en el caso de experimentos que implican el uso de micromatrices con miles de genes) es necesario realizar varias pruebas estadísticas en base a unos datos no sesgados y estadísticamente significativos, para garantizar que las conclusiones son adecuadas. Para este fin, el doctorando debe buscar asesoramiento estadístico dentro o fuera del laboratorio, con el objetivo de presentar sus datos de la forma correcta, normalmente en tablas o gráficas. Hay libros que expresamente tratan el tema de la fobia de los biólogos, químicos, veterinarios, etc., a la estadística, por lo que no pondré aquí mucho más empeño en ello. Lo que es importante es que el doctorando comience a pensar que la estadística será una herramienta que utilizará durante toda su carrera científica y que debe estar mínimamente familiarizado con los métodos estadísticos. Los métodos estadísticos ayudan a planificar los experimentos, por lo que es mejor pensar en estos métodos antes incluso de comenzar cualquier ensayo o investigación. Por eso, cuanto antes empiece el doctorando a dedicarles tiempo, antes sentará las bases para la correcta interpretación de sus resultados. Bastante recomendable es también aprender a manejar algún software para análisis estadístico como Spss, Minitab,

Infostat, Excel o GraphPad Prism entre otros. Y si no hay tiempo, se deberá solicitar la ayuda de algún matemático o estadístico. Quien tiene un estadístico tiene un tesoro.

Las figuras de la Tesis

Como se comentó brevemente en el apartado "introducción", hay que buscar con las figuras un cierto grado de originalidad que los miembros del tribunal de Tesis suelen agradecer. Si un tema científico es muy popular, los doctorandos de muchos laboratorios leerán los mismos manuscritos y adornarán sus Tesis con las figuras repetidas en muchos artículos de revisión, Tesis, presentaciones, o ponencias en congresos, de gente que trabaja en ese tema en concreto. Por ejemplo, existe una bacteria patógena llamada *Listeria monocytogenes* y todos los científicos que trabajan con esta bacteria utilizan normalmente una figura que representa su ciclo de infección intracelular, descrita en un artículo publicado hace ya bastantes años. Nadie se ha molestado en cambiar sustancialmente la forma de esa figura y se repite congreso tras congreso, revisión tras revisión y Tesis tras Tesis. Un poco de aire fresco de vez en cuando no viene mal. Aquí es donde juega un papel clave la pasión, el ansia de superación y las inquietudes del doctorando. Si le apasiona su Tesis, tratará de buscar la originalidad, realizando dibujos distintos a los preexistentes y diseñando esquemas o gráficos propios, imprimiendo SU sello personal a SU Tesis Doctoral. Lo más sencillo ya sabemos todos que es cortar y pegar, pero esto también podría hacer pensar al lector que se quiere terminar deprisa, utilizando el trabajo de otros. Hay doctorandos que realizan figuras estupendas –e incluso animaciones– con Word, PowerPoint, Adobe Illustrator o KeyNote, pero algunos programas para diseño como CINEMA 4D, MAYA, 3DSMax, o Blender entre otros, aunque mucho más complicados, pueden crear auténticas obras de arte. El aprendizaje temprano de alguno de estos programas hará que las figuras de los artículos y las presentaciones desde la Tesis Doctoral en adelante, no se limiten a líneas rectas, curvas, óvalos, círculos, rectángulos y flechas de colores.

Si la Tesis contiene numerosas tablas, figuras o gráficas, hay que prestar especial atención a que lleven el mismo formato siempre. En el caso de las tablas, deben tener la misma alineación de las celdas, el mismo ancho ajustado al texto de las filas y columnas, la misma sangría, el mismo borde, etc. En el caso de las figuras, deben seguir un mismo patrón de numeración y leyenda, situadas en el texto de la misma forma (derecha, centro, izquierda). En el caso de las gráficas, deberán tener el mismo tipo y tamaño de letra en el título del gráfico, y en las leyendas de los ejes X e Y, una escala proporcional, unos colores coherentes, los mismos estilos de líneas o de columnas, el mismo tipo de números y cantidad de decimales, etc. Resumiendo, hay que mantener una coherencia total en el formato de las figuras que se contemplan en la Tesis y que suelen ser abundantes en el apartado de resultados.

Bibliografía

Algunos doctorandos preguntan ¿Cuántas referencias debe tener mi Tesis Doctoral? La respuesta es muy sencilla: las necesarias. Para una aproximación, es imprescindible consultar al menos algunas de las Tesis Doctorales que estén a nuestro alcance.

El director de la Tesis ayudará a integrar las referencias con el texto de la Tesis, pero hay algo tremendamente importante que el doctorando debe saber desde que comienza a escribir el texto de Tesis y una vez que se dispone a insertar en él las primeras referencias bibliográficas. Toda la literatura que se cita, debe haberse leído previamente. Es decir, si estamos escribiendo sobre un tema, no podemos utilizar referencias citadas en un artículo sin conocer lo que realmente sus autores están citando. Debemos leer con nuestros propios ojos lo que posteriormente vamos a citar en nuestra Tesis. Si ponemos que el autor "X" ha publicado "tal cosa", es que hemos leído ese artículo donde se habla de "tal cosa". Esto es así por varios motivos. El primero y más obvio, es para saber que estamos citando algo correcto, algo que realmente han publicado los autores del artículo que estamos citando. El segundo motivo y no menos importante, es que durante la defensa de la Tesis nos pueden preguntar si estamos seguros de que "tal cosa" que estamos citando es cierta. Muy probablemente, el miembro del tribunal que nos haga esa pregunta conoce bien el tema al que estamos haciendo referencia y posiblemente se haya leído muchos de los artículos que se citan en la Tesis, pero también muchos que no se citan y que pueden ser importantes precisamente por su ausencia. El tribunal y los futuros lectores de nuestra Tesis, agradecerán una bibliografía correcta, adecuada, relevante y actual sobre el tema. Por lo tanto, hay que saber lo que se cita y también hay que ser conscientes de lo que no se cita.

Otro asunto importante es mantener actualizada la bibliografía hasta el final de la escritura, justo hasta antes del depósito de Tesis. Sobre todo, hay que citar los trabajos más recientes sobre el tema que han sido publicados o incluso "aceptados" para su publicación ese mismo año, o incluso ese mismo mes. Cuando a un miembro del tribunal le llega una Tesis para su evaluación, muchas veces lo primero que hace es introducir palabras clave del título de la Tesis en las bases de datos, para tener una noción del estado actual del tema. Y lo primero con lo que se encuentra pueden ser los artículos más recientes relacionados con el argumento de la Tesis. Si esos artículos no están en la bibliografía, muy posiblemente ya se puede idear alguna pregunta al respecto, con la que "obsequiar" al doctorando durante la ronda de preguntas.

Búsqueda de bibliografía.

No es posible saberlo todo.

Horacio

La búsqueda de bibliografía es una de las primeras cosas que debe aprender un doctorando al llegar al laboratorio. No solo para comenzar a comprender su tema de Tesis, sino también para poder analizar críticamente las técnicas y los protocolos que debe comenzar a aprender y utilizar en el laboratorio. Además, se espera que el trabajo de la Tesis Doctoral sea una "contribución original", por lo que tendrá que escrutar minuciosamente los recovecos de las bases de datos en busca de potenciales temas solapantes.

En el mundo actual, la información científica es cada vez más numerosa e inabarcable y aunque de relativamente fácil acceso, es necesario saber contrastarla, ya que esta información se genera desde muchos sitios. Entre ellos, las universidades, los centros de investigación y las empresas públicas o privadas. Por supuesto, tras producir esta información, los científicos de esas instituciones deben saber presentarla a la comunidad científica y a la sociedad. Por ello, la mayoría de la información está disponible en forma de artículos científicos, publicados en revistas especializadas que salen a la luz periódicamente. Estos artículos nos informan sobre los avances en el conocimiento científico que se producen en todo el mundo. Es imprescindible conocer estos avances cuanto antes. Los investigadores están cada vez más especializados y tienden a imponer fronteras a su inquietud intelectual debido a la magnitud de conocimientos que se generan a nivel global. Pero, por lo menos, deben estar al día de lo que se publica en su área de investigación.

Estos científicos pueden conocer los artículos destacados de su disciplina a través de las bases de datos disponibles en la red. Una de ellas, quizás la más concurrida en ciencias biomédicas, es MEDLINE, con su buscador PubMed Central, gestionada por la Biblioteca Nacional de Medicina y los Institutos Nacionales de la Salud (NIH) de los Estados Unidos. http://www.ncbi.nlm.nih.gov/pubmed.

Mantener esta ineludible fuente de información cuesta muchos —asumibles momentáneamente— millones de dólares anuales y en ella se depositan anualmente decenas de miles de artículos científicos (unos 23 millones de citas en 2012). Por supuesto, muchas empresas editoriales que tienen en su cartera decenas de revistas científicas saben que todas estas bases de datos pueden pasar a manos del sector privado en cualquier momento. Esto hace temblar a muchos.

El buscador PubMed ofrece una serie de opciones a los investigadores para que éstos se mantengan al tanto de lo que se publica en cada disciplina científica dentro de la biomedicina y otros campos de la ciencia. El director de

Tesis debe informar al doctorando sobre las opciones que ofrece este portal web, para que el doctorando acceda a esa información de forma independiente y no sea el jefe el que proponga constantemente la lectura de los artículos científicos. Es decir, el doctorando debe utilizar las posibilidades de PubMed Medline cuanto antes, para conocer lo que se publica en su campo, las revistas donde se publica, en qué momento se publica y el nombre de los autores que publican.

Los centros de investigación importantes, ofrecen incluso un curso de una o varias sesiones cortas para conocer la utilidad de las herramientas que PubMed Central ofrece, liberando al director de Tesis de esta tarea. Pero si el centro es pequeño, el encargado de adiestrar a los doctorandos en el manejo de las bases de datos debe ser el propio jefe. Y si esta tarea se realiza al inicio de la Tesis, mucho mejor. Otros repositorios de artículos, libros y sistemas de búsqueda y evaluación comúnmente utilizados por los investigadores son: Book Citation Index, Current Chemical Reaction Index, Chemicus, Current Content Connect, Derwent Innovation Index, JournalRate, Essential Science Indicators, Google Scholar, Incites, IS Proceedings, Journal Citation Report, Researcher in View, SciGlobe, SciHub, Web of Knowledge, Web of Science y SciGlobe entre otros. El que busque ociosamente en estas bases de datos sin duda encontrará cosas curiosas y casi siempre interesantes. Entre ellas, una multitud de revistas que poco o nada suenan en el día a día del laboratorio. Por ejemplo, las revistas dedicadas a la educación en diferentes disciplinas científicas. Algunos títulos interesantes son: Avances en la Educación de las Ciencias de la Salud (Advances in Health Sciences Education), El Maestro de Biología Americano (American Biology Teacher), Educación en Biología Molecular y Bioquímica (Biochemistry and Molecular Biology Education).

Todas estas webs —y otras— pueden potencialmente ser escudriñadas por los doctorandos en busca de información, aunque éstos no deben intentar leer todo lo que hay publicado sobre un tema en concreto, pues podrían no terminar nunca. Los buscadores generales como Google son suficientes para encontrar un mundo entero de información sobre el tema de Tesis. Pero en general, lo que se necesita es tener una visión global de dicho tema y recopilar un número representativo de datos útiles. Si hay tiempo disponible, se puede profundizar en el tema en cuestión, o en otros tangenciales al tema de Tesis, quizás en busca de inspiración u originalidad.

Una de las herramientas útiles que ofrecen muchas bases de datos como PubMed, es el servicio de alertas. Cada vez que se publica un artículo sobre un tema de interés para la Tesis Doctoral —que previamente hemos elegido mediante palabras clave— PubMed enviará un mensaje de correo electrónico con toda la información referente al mismo. Es tarea también del director informar sobre este sistema de alertas al doctorando, al comienzo de la Tesis, para que vaya actualizando y recopilando los artículos más relevantes que van apareciendo sobre su tema.

El doctorando debe conocer también la existencia de las bases de datos de registros de la propiedad intelectual o patentes. Estas bases de datos esconden información altamente interesante, aunque también ligeramente camuflada. Un buen comienzo son las bases: European Patent Office-Espacenet, INVENES (OEPM), Google Patent Search, Derwent Innovations Index, United States Patent and Trademark Office (USPTO), Canadian Patents Database, PATENTSCOPE, Free Patents Online, o Delphion Research intellectual property network, entre otras. Estas bases de datos son una inagotable fuente de ideas que pueden ser utilizadas para desatascar una línea de investigación, o para estimular la creatividad y abrir nuevos caminos.

Una misión incontestable del jefe es indicar la existencia de estas bases de datos y dejar que el doctorando las explore libremente, aunque solo se pueda consultar asiduamente un número reducido de ellas. El objetivo principal aquí, es que el doctorando adquiera independencia para encontrar la información que necesita, sin recurrir asiduamente a su director, que muchas veces se manejará incluso peor en las técnicas informáticas modernas.

Una vez que el doctorando va haciendo acopio de la bibliografía más relevante para su tema de Tesis, bien en papel —a costa de la desaparición de los bosques amazónicos– o bien en formato electrónico –a costa de la memoria de sus discos duros– debe clasificarla y anotarla. Esto quiere decir que no solo debe subrayar o marcar con algún tipo de bolígrafo, rotulador, etc., las partes importantes, sino que debe anotar sobre el mismo papel o en un cuaderno aparte, todas las ideas, críticas y comentarios que van surgiendo en paralelo a la lectura. Un programa de lectura y edición de archivos pdf puede incluso permitir el subrayado del texto y el marcaje con colores de las partes más importantes, o la inclusión de notas del lector sobre algún punto del texto. Algunos artículos habrá que tenerlos completamente en la memoria, pero de otros tan solo interesará alguna pequeña parte. La adecuada e inteligente clasificación de la bibliografía permitirá una búsqueda rápida del artículo de interés y la anotación nos evitará volver a leer de nuevo todo el artículo, centrándonos solo en las partes "aprovechables o ya aprovechadas".

Para incorporar esta bibliografía de manera ordenada al texto de la Tesis Doctoral, el doctorando tendrá que aprender a manejar además, algún programa de gestión de citas bibliográficas. Algunos de ellos como EndNote, Papers, RefWorks o Reference Manager, han sido creados por las agencias de información o compañías dedicadas a la publicación de textos científicos. Otros como Zotero o Mendeley son gratuitos. El director de Tesis debe enseñar al doctorando los conocimientos básicos para el manejo de al menos uno de estos programas informáticos, que facilitarán enormemente la escritura de la Tesis y el manejo y gestión de artículos científicos. Además, el doctorando podrá clasificar fácilmente los temas de trabajo, ordenando la bibliografía por autores, temas, protocolos, tipos de artículos, etc. Algunos nostálgicos —y posiblemente poco hábiles con la informática— esgrimirán un argumento a favor de la escritura y corrección de la bibliografía a mano, lo que, según ellos, ayuda a familiarizarse al doctorando con lo que está citando. Pero los programas de gestión de referencias son como algunos placeres de la vida —que dejo a la imaginación del lector—. Cuando los conoces, no quieres abandonarlos.

Discusión

En el apartado discusión, SE DISCUTE.

Se discute en base a la interpretación de los resultados que se han obtenido y a la interpretación de los resultados de los científicos que nos han precedido. Para ello, hay que pensar concienzudamente y luego plasmarlo todo en el papel. La discusión también debe cuestionar viejos experimentos, conceptos o argumentaciones y sugerir algunos nuevos, todo esto en base a la motivación que nos ha impulsado a realizar el trabajo de Tesis y a las incógnitas que no hemos contestado sobre un tema, o a las nuevas que hemos añadido.

Ya que la discusión se basa en los datos obtenidos, hay que diferenciar las interpretaciones que hacemos sobre ellos –propias o de otros autores– de las evidencias mostradas por ellos. Estas últimas solo pueden surgir de los resultados experimentales altamente consistentes y convincentes y no dejan mucho margen a interpretaciones dispares. En resumen, las evidencias de los resultados deberían reducir al mínimo el número de posibles interpretaciones de los mismos.

Cada párrafo de la discusión debe que ser corto, claro y contundente y tiene que enlazar con el siguiente, de manera que se encadenen unos con otros y se puedan leer de manera relativamente continua. Muchos lectores, incluidos los miembros del tribunal, agradecen que en la discusión de la Tesis se mencionen las limitaciones y carencias del trabajo experimental y la correlación o no con los datos de posibles competidores. Es importante que el doctorando conozca quien trabaja en lo mismo y si hay publicaciones muy estrechamente relacionadas con su Tesis.

Conclusiones

En el apartado de conclusiones –situado inmediatamente después de la discusión– integraremos las principales aportaciones de nuestro trabajo al tema de estudio y para ello, simplemente, las describiremos con unas cuantas frases claras y precisas, trufadas con un texto que confirme o no la hipótesis que nos planteamos al inicio de la Tesis. El número de conclusiones a las que podemos llegar varía —normalmente entre un par de ellas y unas diez— y para mayor coherencia, puede ser proporcional al número de objetivos planteados. Estas conclusiones podemos leerlas directamente al terminar nuestra exposición de la Tesis.

Complementos del manuscrito de Tesis.

Recientemente, se han incorporado nuevos elementos como acompañamiento del manuscrito de Tesis. Entre ellos, los dispositivos de almacenamiento que se entregan con el ejemplar del libro, como un DVD o una llave USB de reducido tamaño que contiene la Tesis, los datos brutos o imágenes adicionales de experimentos, e incluso los archivos en pdf de todos los artículos publicados e incluso citados en la bibliografía. También se pueden incluir marcapáginas adhesivos o "post-it", o un mini cuaderno o block de anotaciones de pocas páginas, para que los miembros del tribunal marquen las que son importantes, o escriban las preguntas que van surgiendo durante la lectura. Un detalle visto en algunas Tesis es un marcapáginas con las abreviaturas, lo que facilita el no tener que recurrir constantemente a las páginas iniciales en busca de los significados. Algunos marcapáginas contienen incluso imágenes importantes de los resultados, o algún esquema para facilitar el trabajo de revisión. En algunos casos también, se adjunta algún bolígrafo para realizar las anotaciones. Todos estos detalles indican creatividad y se agradecen, ya que facilitan el trabajo de anotación de los miembros del tribunal.

Defensa de la Tesis Doctoral ante el tribunal

Conviene siempre esforzarse más en ser interesante que exacto; porque el espectador lo perdona todo menos el sopor.

Voltaire

Nuestro sistema educativo universitario ofrece escasas posibilidades para exponer trabajos y practicar presentaciones en público. No es extraño por lo tanto, que los doctorandos carezcan de cualquier experiencia útil en este sentido. Debido a ello, siempre hay que preparar con tiempo suficiente la exposición y defensa de la Tesis Doctoral. Y hay que realizar, por lo menos, tres o más ensayos generales, aunque incluso esto es mucho pedir en la mayoría de los casos, ya que el doctorando está muy estresado por la proximidad del evento. Sin embargo, hacer algún ensayo general ante nuestro director, e incluso ante nuestros compañeros de laboratorio, es siempre tan imprescindible como beneficioso. Por una parte, se gana experiencia y confianza para hablar en público y por otra, el doctorando se beneficia de los diferentes puntos de vista de los asistentes, que pueden advertir fallos en las diapositivas, o hacer preguntas muy útiles o insospechadas.

En cuanto a la estética personal, todos los doctorandos que comienzan su carrera en un laboratorio de ciencias pertenecen a alguna tribu urbana. Hay abundancia de hippies, frikis informáticos, heavys, pijos, rastafaris, geeks, nerds, etc. Esto tiene su explicación en la juventud y en la mentalidad que han adquirido en la universidad, o incluso antes. A medida que avanza su carrera científica e investigadora, el porcentaje de miembros pertenecientes a estas tribus se diluye y la mayoría se adaptan a un estilo de vida más estándar. En el momento de la defensa de la Tesis, seguramente este cambio aún no ha tenido lugar, pero es aconsejable un estilo de vestir formal, acorde con la seriedad y transcendencia del momento. No hay una regla escrita sobre cómo debe vestir el candidato, pero este debe pensar que va a ser evaluado no solo en el aspecto estrictamente científico —ojalá—. Hay examinadores que admiten los pantalones cortos, pero a otros pueden resultarle poco serios, aunque la Tesis tenga lugar un mes de Agosto en Ourense (los Ourensanos conocen bien las insoportables altas temperaturas de su ciudad en algunos veranos). Por lo tanto, en cuanto a la indumentaria, el candidato debe tomar la defensa de la Tesis como si de una importante entrevista de trabajo se tratase. En este sentido, la corbata sigue siendo uno de los signos de elegancia por excelencia.

Como en otros aspectos de la vida, las "costumbres y tradiciones" se van perdiendo y el rigor y la seriedad durante las defensas de Tesis Doctorales en muchas universidades y centros de investigación se han relajado demasiado. Evidentemente, se juzga algo científico, no estético, pero esto puede conducir en el futuro a una relajación total durante la exposición y defensa de las Tesis. De hecho, en algunos centros de investigación, las Tesis Doctorales se mezclan prácticamente con auténticos buffets libres, donde el público acude a degustar exquisitos platos precocinados, o las últimas ofertas de la pizzería de la esquina, lo cual redunda en perjuicio de la solemnidad del acto.

El director de Tesis, que debería estar presente al menos en los ensayos finales, sabrá dar buenos consejos, por lo que yo no me extenderé mucho en este punto. Él y solo él aleccionará al doctorando de cómo tiene que realizar su presentación y hará las correcciones oportunas sobre las diapositivas. Es decir, número de diapositivas, tipo y tamaño de letra, fondos, títulos, fotografías, etc. Para eso le habrán servido las experiencias anteriores con otras Tesis que haya dirigido, o en las que haya asistido como miembro del tribunal.

La exposición por parte del doctorando debe tener entusiasmo y ritmo y cada frase debe tener un significado fácilmente asimilable por el tribunal, que resulte agradable oír, evitando los términos potencialmente desconocidos, o que impliquen un esfuerzo mental en ese momento, que podría distraer o hacer perder el hilo de lo que se expone. A la vez, hay que mostrar en las diapositivas lo que se está contando, repartiendo la atención del tribunal entre lo que está viendo y lo que está escuchando. Hay que mantener la calma y el ritmo, e incluso realizar alguna pausa para beber agua, lo que suele dar sensación de autocontrol.

Es conveniente, administrando bien el tiempo, hacer una breve y clara exposición del conocimiento científico actual que ha llevado al doctorando —aunque en realidad, muy posiblemente haya sido al jefe de grupo— a plantear la pregunta que ha motivado el tema de Tesis Doctoral. Aquí de nuevo, el doctorando debe demostrar que puede pensar de forma independiente y que puede formular sus propias críticas sobre lo que ha leído. Recordemos que la adquisición de pensamiento crítico es una de las esencias de la realización de una Tesis Doctoral. Este pensamiento crítico posiblemente seguirá madurando en su cabeza del doctorando y le acompañará a lo largo de su carrera científica.

Desde luego, hay que poner especial énfasis en la parte de resultados y en la interpretación de los mismos, sobre todo si son inesperados o potencialmente importantes. La parte de técnicas no es tan importante, ya que muchas serán bien conocidas y solo habrá que citarlas, a no ser que el doctorando haya trabajado en algún modelo o sistema novedoso y sea necesario explicar algunos asuntos complicados referentes al proceso de puesta a punto de dicho modelo. Si se dice que un resultado fue negativo —o simplemente, que algo no ocurrió— hay que mostrar los controles pertinentes, o al menos, enunciarlos. Si no se hace esto, existe el riesgo de que el tribunal nos interrogue acerca de su ausencia. Además, posiblemente el doctorando quiera incluir todos —o la mayoría— de los experimentos realizados en la Tesis, sobre todo los realizados a última hora. Es normal. Pero para incluir un experimento en la presentación debe formar parte de la idea global y estar vinculado directamente con la idea principal que queremos transmitir. De lo contrario, es mejor no incluirlo, porque puede parecer algo innecesario o fuera de lugar. Un pegote.

El número de diapositivas no es importante siempre que no se exceda el tiempo estipulado; lo importante es que el tribunal quede satisfecho. Una vez terminada la exposición, se pueden leer directamente de la pantalla las conclusiones. Esto supone el alivio definitivo y la liberación de la tensión generada por la disertación. A partir de este momento, hay que calmar los ánimos y tranquilizarse antes de contestar a las preguntas. El doctorando queda ahora a merced del tribunal de Tesis.

El tribunal de Tesis es elegido por el Director de la misma y el doctorando no suele ofrecer ningún tipo de resistencia ante su nombramiento.

En cada país, el acto de defensa de la Tesis Doctoral se realiza de forma diferente y últimamente ha estado sujeto a numerosos cambios. En el Reino Unido por ejemplo, solo hay dos jueces y la discusión con el doctorando se realiza a puerta cerrada. El tribunal de la Tesis Doctoral en España desde hacía muchos años, estaba compuesto por cinco miembros. Las nuevas leyes han impuesto la austeridad y ahora son solo tres en muchas universidades. Todos son doctores y todos han pasado por esta última etapa que es la defensa pública de la Tesis, aunque algunos posiblemente hace mucho, mucho tiempo. El más veterano, o el de más peso académico e investigador, ocupará el puesto de presidente del tribunal y su turno de preguntas será el último. Se sitúa en el centro de la mesa y generalmente suele ser un amigo íntimo o conocido del director de Tesis, aunque también puede haber sido invitado al tribunal por otros motivos, por ejemplo, para llamar la atención de los colegas de Departamento o de otros investigadores del centro. Siempre es interesante escuchar a gente *sabia*, científicos que pueden no abundar en nuestro centro de trabajo. Estos "veteranos" pueden haber sido invitados incluso para que el director de Tesis les de coba, o les quiera pedir un favor. Otros fines, como la confabulación contra una tercera persona, no están descartados. A veces, simplemente se trata de reunir a viejos amigos, con el pretexto de una buena comida que paga el propio director de Tesis, el proyecto de turno, el Departamento, o incluso alguna empresa que vende material de laboratorio.

La intervención del presidente del tribunal es muy esperada por todos, aunque si la defensa de la Tesis se alarga, todo el mundo —sobre todo los padres del doctorando— desea que la última tanda de preguntas sea lo más breve posible. La experiencia es un grado y seguro que el más veterano hará preguntas interesantes y muy posiblemente hasta graciosas, con el fin de rebajar la tensión acumulada, rematando con alguna que otra anécdota de tiempos pasados.

El comportamiento de los miembros del tribunal suele ser de lo más dispar. Además del citado presidente, solía existir un secretario, y luego tres vocales. El primero en preguntar solía ser el más joven de los cinco, el menos conocido, o el menos cercano físicamente al Departamento o laboratorio.

Luego están los suplentes, que deben estar preparados por si ocurre alguna posible baja entre los titulares (como en el fútbol).

Algunas veces, se invita a investigadores *competidores*, para conocer durante los momentos previos a la Tesis, o en la posterior charla-comida, por dónde van los tiros de sus investigaciones. Puede que incluso se presten a colaborar con el director de Tesis, al haber sido tratados de forma amable y atenta durante su desplazamiento para acudir al evento. En otras palabras, fumar la pipa de la paz.

Algún miembro del tribunal puede ser un infiltrado del propio Departamento. Éste, suele hacer las preguntas menos relevantes, algunas veces pactadas de antemano, ya que al ser una persona cercana al laboratorio, puede conocer incluso perfectamente al doctorando y su trabajo. Las preguntas de este doctor ayudarán a calmar al doctorando en el caso de que la exposición o las primeras preguntas de otro miembro del tribunal lo hayan estresado en exceso.

Lo que suele ser insoportable entre los miembros del tribunal es que alguien se tome esta responsabilidad –la de hacer una crítica de la Tesis y de la exposición– demasiado a la ligera. Esto es, o que no se haya leído la Tesis y haga preguntas ridículas o incluso estúpidas, o suelte algún chiste o anécdota divertida, pero sin aportar nada que ayude al contexto científico del evento. Algunos, directamente reconocen que no han tenido tiempo de leerse *tremendo* manuscrito. Otros, ya creen de antemano que es un buen trabajo debido el prestigio del director, o porque ya conocen la calidad de las Tesis que han salido de ese Departamento, con lo que no tienen demasiadas preguntas. Simplemente agradecen la invitación, felicitan al doctorando y al director y sueltan alguna anécdota que haga parecer que su intervención no ha sido innecesaria.

El Director de Tesis espera que los miembros del tribunal no sean ni muy duros ni muy blandos. El doctorando, que solo sean blandos. Algo intermedio es lo ideal, sino, se corre el riesgo de que sea o una carnicería, o un despropósito. Sin duda, un acto de defensa de Tesis ideal será aquel en el que se identifiquen carencias, se elogien los logros, se reconozca el esfuerzo y sobre todo, donde las críticas sirvan para optimizar los artículos científicos pendientes. Por supuesto, los errores evidenciados, junto con las críticas y las correcciones, nunca deben ser desperdiciados tras la Tesis. Si el doctorando consigue lucirse durante la exposición y posteriormente en las preguntas, habrá disfrutado del momento, dejará orgullosos a sus padres y a su director, se dará cuenta de sus capacidades y otra cosa importante, será recordado por los miembros del tribunal, que lo pondrán de ejemplo en sus respectivos laboratorios y lo tendrán presente cuando el tema de Tesis surja en algún contexto o evento científico. También he de decir que, si el doctorando causa sensación, podría incluso ir a parar al laboratorio de algún miembro del tribunal, o de algún amigo/colaborador de éstos.

Lo absolutamente normal es que los miembros del tribunal se hayan leído la Tesis y acepten y agradezcan la invitación a formar parte en el evento. El ser designado como autoridad competente para juzgar un trabajo realizado durante años por un doctorando es motivo de satisfacción. Además, acudir como jurado a una Tesis Doctoral implica la posibilidad de realizar contactos científicos, conocer de primera mano la investigación que se hace en otros laboratorios, intercambiar impresiones y tarjetas de empresa con los otros miembros del tribunal y por qué no, hacer turismo y saborear la gastronomía de la región. Evaluar un trabajo de Tesis es una tarea mentalmente estimulante y poder disfrutar de una exposición magistral –si es el caso– es muy gratificante para cualquier científico.

En un sentido absolutamente práctico, el tribunal buscará en las palabras del doctorando aquello que indique que éste ha trabajado con rigor y que será capaz de realizar sus futuras investigaciones de forma independiente, para llegar a ser un científico productivo y competente. Aunque no haya obtenido ningún resultado positivo importante de forma total o parcial, una explicación brillante de por qué ha sucedido esto puede ser indicativa de que el doctorando ha hecho las cosas bien y las continuará haciendo durante las próximas etapas como investigador. Por el contrario, unos resultados espectaculares, producidos por lo inherente a la novedad del tema de Tesis, por la potencia investigadora del grupo, o por los recursos ilimitados del laboratorio, puede no corresponder con la capacidad del doctorando de explicar sus conclusiones de forma coherente y/o convincente. ¿Qué hará ese doctorando cuando no disponga de los increíbles recursos materiales de los que ha disfrutado en el completísimo laboratorio de su conocidísimo y respetado director de Tesis?

Lo primero que buscan los examinadores en una Tesis es la originalidad, tanto en el aspecto físico de la Tesis (diseño, formato, creatividad, estructura, elegancia, etc.) como en el científico. También, que el doctorando haya plasmado por escrito su comprensión de tema de Tesis, mediante una buena revisión e interpretación de la literatura existente y que esto tenga un nexo fuerte con los resultados y las conclusiones finales. Por lo tanto, el tribunal comenzará comentando el manuscrito haciendo referencia a cuestiones de formato y de forma muy sencillas. Las apreciaciones sobre errores menores siempre son mucho más fáciles de hacer que las grandes preguntas transcendentales o que cuestiones constructivas sobre el objetivo de la Tesis. Así, se hará primeramente alusión al formato del libro, que podrá gustar más o menos al tribunal. Algunas preguntas típicas que siguen, versan siempre sobre la prosa, la gramática, o pequeños errores que siempre aparecen, a pesar de la minuciosa corrección del doctorando y su director. Siempre que hay personas, hay errores. Estos ocurren en el texto, en las gráficas, en las tablas o incluso en la bibliografía. Sea como sea, hay que tratar de minimizarlos antes de que se entregue una versión definitiva a los miembros del tribunal. El manuscrito de Tesis Doctoral es un libro que quedará como un trabajo modelo para otros científicos, por lo que debe finalizarse de la manera más precisa posible.

Estas cuestiones iniciales sobre la forma contribuyen en cierta manera a despertar la tensión del doctorando. Por ello, algunos miembros del tribunal, conocedores del estrés al que está sometido éste, tratan de minimizarlo, compensando preguntas complicadas con otras más distendidas o menos relevantes.

A la hora de contestar, es muy importante tener algún conocimiento de retórica, es decir, una mínima capacidad para utilizar el lenguaje con una finalidad persuasiva o convincente. Si el doctorando no posee conocimientos retóricos suficientes para argumentar algo, debe simplemente ser sincero y dar una contestación rápida, evitando una jerga científica estéril. Aunque normalmente el doctorando sea la persona que más sabe de su Tesis –porque la ha realizado él– se necesita cierta dosis de habilidad oratoria para imprimir carácter a las respuestas. Esto solo se consigue con un dominio muy amplio del tema de la Tesis, que permitirá citar incluso bibliografía o experimentos no directamente relacionados con la misma, pero que llevan la intención de responder a las preguntas del tribunal, citando ejemplos externos o extremos. Si el doctorando no puede argumentar algo más que de una sola forma, es que posiblemente lo ha memorizado.

Por supuesto, si algún miembro del tribunal se comporta de manera agresiva, realizando preguntas rebuscadas o demasiado duras, el doctorando debe mantener la calma y responder de manera tranquila. Perder los nervios en un debate dialéctico con uno de los miembros del tribunal siempre conduce a la derrota del doctorando.

Una pregunta típica es la que hace referencia a un término concreto citado en la Tesis; un compuesto químico, el nombre científico de una especie, el nombre de alguna enfermedad, una proteína celular poco conocida, etc. Si dicho término está citado en un contexto inadecuado, o es demasiado tangencial al tema de Tesis, llamará mucho la atención. En ocasiones, la inercia de la escritura de Tesis hace que el doctorando incorpore términos muy especializados, rebuscados, o fuera de contexto, que resultan fácilmente detectables para los miembros del tribunal, los cuales pueden incluso pedir una definición de dichos términos, para comprobar si el doctorando los ha escrito por algún motivo en concreto, o simplemente ha copiado y pegado. Por lo tanto, el consejo es citar solo aquello que se conoce y se puede definir y defender, o visto de otro modo, si citamos algo, sea un término o un concepto, debemos saber qué es y porqué lo hemos incorporado al texto.

Si el doctorando ha publicado bien los resultados de su Tesis —al menos en parte— tendrá mucha seguridad en sus datos, ya que su trabajo ha sido revisado previamente por expertos en el tema —como también lo son los miembros del tribunal—. Además, se pueden aprovechar las preguntas que han formulado los revisores durante el proceso de publicación, a la hora de preparar posibles respuestas para el tribunal de Tesis. Por lo tanto, el que parte del trabajo de Tesis haya sido ya publicado, añade por defecto un cierto grado de credibilidad a los resultados y tranquilidad al doctorando. Pero aún así, éste debe contestar satisfactoriamente, sobre todo a preguntas sobre resultados ya publicados. Si los resultados no han sido publicados, pueden aprovecharse las preguntas del tribunal para solucionar dudas que pueden surgir más adelante durante la preparación de los manuscritos.

Otras preguntas típicas suelen señalar la falta de alguna referencia bibliográfica clave —desde el punto de vista del miembro del tribunal que las formula— y que puede haberse pasado por alto. Los miembros del tribunal de la Tesis lo son por algo obvio, conocen el tema de Tesis. Pero nadie es capaz de leer –y menos conocer– toda la literatura existente sobre un tema en concreto. Recordemos que el tribunal no busca la perfección, sino la capacidad que tiene el doctorando para defender su trabajo con rigor. Ese rigor dependerá del conocimiento que tiene el doctorando sobre su tema de Tesis, y de nuevo la retórica jugará un papel esencial a la hora de responder.

Citemos algunos ejemplos. Si el tribunal pregunta: ¿Por qué no ha citado Usted a "tal autor"? La respuesta puede ser: no he citado a "tal autor" porque he citado a "tal otro", que en su artículo de 2004 habla del tema en cuestión, de una manera incluso más convincente "para mí" que "tal autor".

Esto demuestra que el doctorando ha manejado las referencias adecuadas y ha sido riguroso al elegir las citas bibliográficas.

Si el tribunal pregunta: ¿Por qué no ha realizado Usted el experimento "con la técnica A" para demostrar "tal cosa"? La respuesta puede ser: Ese experimento con la "técnica A" no parecía apropiado en nuestro contexto, sobre todo a la vista de los buenos resultados que obtuvo "tal autor" para demostrar "tal cosa" con las "técnicas B o C", pero no con la "técnica A".

Aquí el doctorando muestra un dominio del contexto de las técnicas utilizadas en su área.

Si el tribunal pregunta: ¿No sería mejor haber utilizado el tipo de ratones "B1" en lugar de los ratones "C1" que Usted ha utilizado en el "experimento Z"? La respuesta puede ser: Es una pregunta muy interesante y acertada, pero, debido a que todos los investigadores utilizan primero los ratones "C1" antes de pasar a los "B1", hemos preferido analizar los datos obtenidos a partir de ratones "C1" en el contexto del experimento Z, antes de realizar la inversión económica en los ratones "B1", que como Usted sabe, son excesivamente caros, pero que en cuanto tengamos el presupuesto adecuado pretendemos utilizar. Pero esto no ha sido incluido en la Tesis porque será un paso futuro de nuestras investigaciones.

Aquí, el doctorando deja claro al tribunal que conoce perfectamente la utilidad de los ratones B1 para el experimento Z, pero que hay otras alternativas. Y también que para el futuro ya se ha planteado claramente que los ratones B1 pueden ser importantes.

Si el tribunal pregunta: ¿Qué criterio han utilizado para escoger las variables del "experimento T"? La respuesta puede ser: hemos hecho una revisión sobre el tema y nuestros datos indican que un 73% de los autores escogen esas variables para afrontar experimentos "de tipo T". Otras variables son también empleadas, pero en menor medida.

Esto demuestra que el doctorando ha manejado una extensa base de datos y que la ha escrutado detenidamente antes de afrontar sus experimentos.

Si el tribunal pregunta: ¿No es el modelo que Usted ha utilizado en el "experimento T" un poco artificial? ¿Parece que es muy improbable que suceda en la naturaleza, no cree? La respuesta puede ser: Los modelos nunca son reales, pero ayudan. En este caso, gracias a este modelo "artificial" utilizado para el "experimento T" hemos demostrado una serie de fenómenos muy interesantes, no descritos hasta el momento. Por lo tanto, gracias a este experimento T, se abren nuevas vías de investigación y nuevas hipótesis sobre lo que podría estar sucediendo en otros sistemas más "reales". Desde mi punto de vista, esto deja patente la utilidad del modelo utilizado.

Esto demuestra que el doctorando posee espíritu crítico y que está convencido de que sus experimentos han aportado o aportarán avances interesantes en su campo.

También, ayuda mucho terminar una respuesta con las frases siguientes, que reflejan un claro dominio del tema de Tesis y sobre todo del texto reflejado en el manuscrito:

-Además, ya lo citamos en la parte de discusión, como puede apreciar en la página 234.

-También hacemos referencia a este tema en la parte de introducción, página 44.

-Por supuesto, hemos citado los trabajos de "tal autor", como se puede apreciar en las referencias 78, 79 y 92.

Otras preguntas menos directas al grano, pueden ser del tipo: ¿Si tuviera Usted que volver a empezar, qué haría y que no haría?

¿Cuál es el impacto biológico más importante o relevante de su trabajo?

¿Si fuera Usted una bacteria, que habría hecho?

¿No cree Usted que este tipo de experimentos habría que realizarlos en una estación espacial?

¿Qué relación guarda este trabajo con el cambio climático global?

Además de todo esto, hay que prestar especial atención a los posibles errores cometidos durante la Tesis y a conocer exactamente las limitaciones de las técnicas que se han utilizado, la significancia estadística de los resultados y las posibles desventajas de los modelos experimentales empleados. Si hay errores, hay que reconocerlos, no intentar mentir o escurrir el bulto. El tribunal de Tesis busca el rigor científico, no la perfección.

Es muy difícil que una Tesis Doctoral defendida por un doctorando no obtenga la máxima calificación. Esto es debido a que las Tesis Doctorales no reciben el visto bueno de los directores hasta que no alcanzan un nivel óptimo de calidad científica. Hay quien sostiene que la Tesis Doctoral debería poseer el valor añadido de, al menos, una publicación científica importante. Como ya hemos visto en la encuesta del capítulo ¿Qué es la Tesis Doctoral? esto no siempre es posible. Aunque también, es poco frecuente no publicar absolutamente ningún resultado de los descritos en la Tesis Doctoral, aunque sea meses o años después.

Los criterios que utilizan los miembros del tribunal de Tesis para calificarla son unipersonales y no están claramente definidos en ninguna parte. La Tesis se suele valorar en su conjunto, en base a factores como su originalidad, claridad, metodología, novedad, utilidad, precisión y contribución al conocimiento científico en un área determinada —en forma de artículos ya publicados por ejemplo— entre otros. Además, una adecuada defensa oral del trabajo suele añadir la guinda al trabajo escrito. Diversos autores han intentado plasmar en artículos científicos los criterios por los que se deberían guiar los tribunales de Tesis Doctorales para realizar sus evaluaciones. Quizás algunos jurados puedan utilizar esos parámetros como hoja de ruta, pero la mayoría de miembros de tribunales utilizarán su opinión personal del conjunto trabajo escrito más exposición oral, para realizar su evaluación de la Tesis. Y además, como muy probablemente han estado ya en muchas otras Tesis antes, inevitablemente se acordarán de las últimas en las que han participado e incluirán al candidato en una especie de comparación con los otros que han evaluado recientemente. Todo esto crea en la mente de los miembros del tribunal una representación tácita de lo preparado que está un doctorando y de la calidad de su Tesis y en base a esto emitirán su veredicto. Si además el doctorando ya ha publicado artículos de su trabajo de Tesis, esto aportará una especie de calma beneficiosa a la hora de la lectura del manuscrito por parte del tribunal.

Publicar la Tesis Doctoral con ISBN

Tras recibir la calificación y el aplauso del público asistente, no se ha terminado todo. Queda una última cosa. Publicar la Tesis como un manuscrito, con su ISBN incluido. El doctorando debe ponerse en contacto con el servicio de publicaciones de su Universidad y preguntar cuál es el procedimiento a seguir para publicar la Tesis Doctoral. Este servicio de publicaciones dará las instrucciones precisas para hacerlo, con lo cual, una vez publicada la podremos incorporar como publicación –y de un solo autor– al *curriculum vitae*. Es un libro que puede resultar útil a mucha gente y puede que incluso muchas personas quieran tener un ejemplar.

CV al terminar la Tesis

Un título universitario no acorta el tamaño de vuestras orejas: no hace más que ocultarlo.

E. Hubbard

En este capítulo realizo básicamente una predicción general: si publicas más artículos, tendrás más oportunidades. Por suerte o por desgracia, trabajar duro para publicar mucho es la estrategia evolutivamente más rentable de un joven investigador.

Absolutamente todas las personas que poseen el título de Doctor en Ciencias tienen una cosa en común: el título de Doctor. Esta obviedad refleja que a la hora de competir por una beca, por un puesto de trabajo, o por financiación para un laboratorio, todas esas personas tienen ese punto en común. Una vez obtenido "el título", los doctores en ciencias se dan cuenta de que ese papel posiblemente se va a perder por algún rincón de sus casas, dentro de una carpeta muy grande, o que permanezca largo tiempo sin ser contemplado, a no ser que lo enmarquemos y lo colguemos de la pared. El título tiene muchísima menos importancia que lo que hemos aprendido durante la Tesis. El título además, es solo la guinda de un pastel formado por todo el *curriculum vitae*. El tamaño de este pastel es lo que va a marcar la diferencia entre ser contratado o no. Entre ser financiado o no. La guinda es la misma en todos los pasteles de todos los doctorandos, pero los pasteles pueden llegar a ser tremendamente diferentes. Por lo tanto, el doctorando debe ser pragmático y velar para que lo aprendido durante su Tesis Doctoral se refleje no solo en su pensamiento, sino también en su *curriculum vitae*, ya que quizás sea la mejor herramienta que tenga en el futuro para encontrar trabajo.

La adición del título de Dr. al *curriculum vitae* deberá reflejar también otras cosas, no solo que se ha defendido una Tesis Doctoral. Lo más importante serán las publicaciones científicas derivadas de la misma. La cantidad es importante: cuantas más, mejor.

Hay que tener el CV actualizado en todo momento. Y a la hora de redactarlo, hay que citar el mayor número posible de textos en los que aparezca nuestro nombre, sean o no revistas de primer cuartil, primer decil, o incluso si no tienen factor de impacto. El factor de impacto no importa tanto al terminar el doctorado —aunque sí durante las etapas postdoctorales—. El CV obtenido durante la etapa doctoral debe reflejar mayormente una motivación y una productividad elevadas. Un número alto de trabajos da sensación de productividad. Por supuesto, hay que citar en el CV publicaciones sometidas a revistas, que están a punto "teóricamente" de ser publicadas, aunque exista el riesgo de que sean rechazadas.

Si nuestro laboratorio es dirigido por alguien importante, debemos reflejar su nombre en lugar visible. Debemos citar también las habilidades técnicas y personales que hemos aprendido. La estancia o estancias en otros laboratorios reflejarán movilidad, o que somos personas dinámicas, extrovertidas y con una personalidad abierta, capaces de adaptarnos a la rutina de otros laboratorios con ambientes totalmente diferentes al nuestro. Además, podremos obtener de los jefes de esos laboratorios alguna carta de recomendación adicional.

También es necesario demostrar nuestras **capacidades comunicativas**. Aunque no hay que poseer las virtudes retóricas de Barack Obama —esculpidas a base de coaching— seguro que habremos tenido la posibilidad de presentar nuestros trabajos científicos en congresos, por medio de ponencias o charlas cortas. Por lo tanto, nuestras comunicaciones a congresos —aunque sean en formato póster— son un valor añadido que demuestra que somos personas activas y comunicativas, con ganas de asistir a eventos donde "intercambiar información" con otros investigadores. Para intercambiar información, las sesiones de pósters son ideales. Puedes hablar más de 10 minutos —tiempo que suele durar una comunicación oral— y te beneficias de la discusión con otros becarios, que posiblemente tengan la misma poca idea de muchos de los temas científicos a los que los doctorandos se enfrentan en sus primeros años. Recordemos que el avance de nuestra Tesis Doctoral —o quizás incluso el avance de la ciencia en general– no se limita solo a la escritura-lectura de artículos, sino al diálogo y a la discusión entre científicos. Un artículo te dice solo lo que puedes leer, mientras que con otro doctorando delante de un póster puedes además intercambiar ideas.

A la hora de buscar una primera posición postdoctoral, el **manejo de un número elevado de técnicas**, la adquisición de conocimientos en diferentes materias y el desarrollo de distintas habilidades personales otorgarán una amplia ventaja sobre CVs altamente especializados. Estos últimos, solo tendrán alguna posibilidad cuando el laboratorio que recluta busca un perfil muy concreto, o con vistas al desarrollo o perpetuación de alguna técnica en especial. Quizás el doctorando haya conseguido un elevado número de publicaciones utilizando una sola técnica, pero su CV debe reflejar también el manejo de otras diferentes. Si durante la Tesis Doctoral, los becarios se han dedicado a hacer miles de reacciones en cadena de la polimerasa (PCR), o cientos de citometrías de flujo, o miles de mutantes bacterianos, o se han dedicado a cruzar moscas durante cinco años, esto les convierte en expertos en un tema en concreto, pero van a tener un escaso conocimiento de otros. Si no conocen o no manejan otras técnicas, quizás su futuro esté ligado solo a las que han aprendido, porque a lo mejor el siguiente laboratorio no está dispuesto a invertir tiempo o dinero en aprendan unas nuevas. Un becario "espabilado" e inteligente, posiblemente podría aprender nuevas técnicas rápidamente, pero a veces, los futuros jefes piensan a muy corto plazo en el momento de ofrecer un contrato.

Durante la realización de la Tesis Doctoral, hay muchas oportunidades para aprender o mejorar **alguna habilidad especial** y que no está absolutamente relacionada con el tema central de la Tesis. Una vez terminada la Tesis, estas actividades pueden ser de gran ayuda a la hora de elegir un camino profesional. Por ejemplo, la informática, el diseño por ordenador, la estadística, la fotografía, la escritura científica, la administración, etc. Estas habilidades no solo deben constar en el CV, sino que para algunas personas serán algo más que un plus a la hora de encontrar trabajo. Este es otro de los motivos por los que hay que intentar aprender diferentes cosas a lo largo de los años de Tesis y no solo dedicarse a hacer experimentos encerrados en una cabina de flujo laminar.

La **pertenencia a sociedades científicas** debe ser reflejada también en el CV. Una sociedad científica ofrece muchas formas de participación, tanto en tareas impresas: escritura de revisiones, artículos de opinión, presentación de los grupos de investigación al resto de la sociedad científica; como tareas on-line: participación en las redes sociales, blogs, posibilidad de alojamiento de material científico de los grupos, posibilidad de compartir protocolos, etc.

Comunicaciones a congresos

Muchos jefes de laboratorio son reacios a presentar resultados incompletos en congresos y reuniones científicas. Prefieren presentar sólo aquello que ha sido publicado recientemente por el grupo, o que está en vías de publicación –el trabajo ya ha sido enviado a alguna revista– o porque los revisores han contestado ya y tan solo hay que hacer unos pocos experimentos adicionales. Los resultados de investigación presentados a congresos rara vez son citados por otros en sus publicaciones. Se tiende a citar solo trabajos ya publicados en revistas y por lo tanto, comunicar en un congreso científico nuestro trabajo incompleto, es también exponerlo a potenciales depredadores. Y muchos jefes creen conveniente no dar pistas al enemigo durante la guerra de la prioridad. En un mundo científico cada vez más competitivo, hay recelo a que otros se adelanten a la hora de publicar unos resultados. Si el trabajo que un grupo de investigación tiene entre manos es importante, es muy satisfactorio ser los primeros –sobre todo para el ego– en comunicarlo a la comunidad científica mediante una comunicación en un congreso. Un resumen llamativo en el libro de resúmenes del congreso, atraerá a un número considerable de investigadores a nuestra charla, o a nuestro póster. Pero, el comunicar resultados incompletos sin que hayan sido publicados aún, podría despertar el ansia de algún laboratorio potente, que con más recursos, podría terminar más rápidamente la parte que falta y adelantarse en la publicación. Ante esto hay auténtico terror en algunos casos.

Recordemos que la financiación de un laboratorio depende en buena parte de su producción científica. Perder la novedad de una investigación significa no solo perder un artículo –puesto que ya no se podrá publicar en otra parte– sino, posiblemente, también mucho tiempo y dinero invertidos. El terror es real si se conoce bien a los competidores del área de investigación y se sabe incluso que asistirán también al mismo congreso que nosotros.

Desde otro punto de vista, es difícil que algún grupo vaya a repetir exactamente igual la parte del trabajo que se ha presentado en el congreso y además terminar lo que falta antes que el grupo precursor. Pero esto sucede. En el mundo, es difícil encontrar algo en concreto que no esté siendo investigado por más de un grupo a la vez. Siempre hay otro u otros grupos que persiguen lo mismo. O bien porque han sido fundados por un antecesor común en ese campo en concreto, o porque sus líneas de investigación convergen en algún punto o en algún momento y por tanto se podrían llegar a plantear las mismas preguntas y llegar a las mismas soluciones.

También por otro lado, están los que tienen muchas ideas y no se desesperan porque alguien que posiblemente se ayude de la picaresca, publique "algún" trabajo antes. Los que tienen muchas y buenas ideas sobreviven aun siendo imitados o plagiados, porque en genialidad posiblemente estén varios puntos por encima de los que necesitan copiar, que son bastantes. Evidentemente, el contratiempo obvio de que otro equipo publique una investigación que se creía propia es ciertamente molesto. Pero no hay que desanimarse, sobre todo si somos conscientes de que nuestra manera de pensar y de surtir de ideas a nuestro grupo no puede ser copiada. La picaresca, el plagio y las opiniones sobre los trabajos de los demás son motivo de feroces disputas –aunque no muy numerosas– entre científicos. Algunas disputas científicas entre mentes brillantes durante los congresos, o a través de cartas a editores, podrían ser incluso objeto de alguna clase universitaria y no estaría de más conocerlas.

Volviendo a los congresos, éstos son muy importantes para el doctorando, y debe asistir a ellos sin ningún tipo de miedo, pero sí con mucho entusiasmo y emoción. El miedo no sirve absolutamente para nada.

El doctorando debe asistir a todos los que pueda durante su periodo doctoral. No solo representan otra forma de aprendizaje, alejado de la lectura incansable de artículos, sino también una fuente de ideas y una forma perfecta de conocer quién es quién en nuestro campo. Además, en la mayoría de congresos se puede acceder directamente y en primera persona, a la información más actual sobre el estado de un área de investigación o de una técnica, simplemente charlando en las pausas-café con otros investigadores.

Estos congresos son bien aprovechados por los grandes jefes de laboratorio. Muchos de ellos dedican buena parte de su tiempo a asistir a congresos científicos (con todo pagado claro) donde se nutren de ideas nuevas que luego transmiten a los miembros de su laboratorio para que las exploten. Estos jefes siempre están a la vanguardia, siempre son los mismos, son los "importantes" del congreso, a los que hay que acudir en busca de un consejo o una posición postdoctoral. Es bueno conocerlos y que te conozcan. Además, a los científicos viejos les gusta rodearse de científicos jóvenes. Cáusales buena impresión. Hazles preguntas inteligentes. Pueden ser tus jefes dentro de dos años. Jefes poderosos.

Por supuesto también, los congresos son la mejor manera de entrar en el networking físico, es decir, realizar en persona contactos y colaboraciones. Hay grandes compañías en el mundo empresarial que dedican incluso varios días al año a que sus empleados se reúnan con los de otras compañías, simplemente para hacer contactos, simplemente para intercambiar su *business card*. En ciencia, la manera más eficaz de hacer esto es durante los congresos, las conferencias o reuniones y los talleres o "workshops". Si el doctorando tiene la suerte de trabajar en un gran centro de investigación puntero como el Instituto Pasteur en París, el Max Planck en Berlín, o los NIH de USA; o en alguna de las grandes universidades europeas o americanas, o incluso en algún centro del CSIC en España —en centros pequeños o ciudades pequeñas, eso es una utopía—, tendrá la oportunidad de participar en eventos única y exclusivamente dedicados y organizados para el intercambio de colaboraciones entre doctorandos (minicongresos). Además, si el doctorando pertenece a una Sociedad Científica y dentro de ésta a un grupo especializado, seguramente tendrá lugar –al menos una vez cada dos años– una reunión de todos los miembros de ese grupo especializado. Esa será una cita que no habrá que perderse, pues estarán todos los que trabajan en ese campo específico. Y es muy importante conocerlos.

El beneficio inmediato para el doctorando es que una comunicación o incluso la mera asistencia al congreso, va a ser reflejada en su *curriculum vitae*. Esto indicará que el doctorando ha tenido interés por comunicar sus descubrimientos a la comunidad científica. Como en el caso de las publicaciones, los resultados pueden ser expuestos de diferentes maneras; como póster, como comunicación oral breve, o como charla de mayor duración. Y también, al igual que en las publicaciones, el orden de los autores importa. Para un doctorando, es mejor ocupar la primera posición. Además, parece bastante extendida la idea de que una comunicación oral es más valorada que un póster. Por otra parte, los resultados presentados a un congreso pueden ser reflejados en algunos casos en forma de comunicación escrita tipo publicación, que constará como tal en el CV del doctorando. Será un artículo más, aunque de menor peso que el publicado en una revista con índice de impacto. Sea como sea, es un artículo más. Si el trabajo enviado al congreso es seleccionado para una charla breve, ésta representará un buen escaparate para el doctorando de cara a proclamar su existencia ante la comunidad científica. Una charla breve pero interesante es un reclamo para potenciales colaboradores o futuros jefes.

Como decíamos antes, pertenecer a una sociedad científica nacional o internacional es muy importante para el doctorando. A cambio de una pequeña contribución económica anual, se pueden obtener muchos beneficios. El primero, es que podemos incluirlo directamente en nuestro CV. Esto no es evidentemente un mérito en sí, pero a mucha gente le gusta ver reflejada esta participación de los doctorandos en la vida científica de su contexto investigador. Hay incluso algunos investigadores hiperactivos que reflejan su pertenencia a más de 10 sociedades científicas. Además, una forma de obtener financiación para poder acudir a un congreso –y por lo tanto poder presentar una comunicación, que vendrá muy bien para el CV– es solicitar una ayuda a esa sociedad científica a la que se pertenece. Si un congreso es organizado por una sociedad con solera, como por ejemplo la Sociedad Española de Microbiología, muy probablemente ésta ofrecerá becas y descuentos a los socios jóvenes que quieran asistir al evento. Esta es una forma de incentivar la participación de los doctorandos. Por otro lado, debemos recordar que viajar, dormir y comer cuesta dinero. En la época actual, las ayudas y becas para asistir a congresos son un bien escaso y en muchos casos el doctorando tendrá que pagar algo de su bolsillo. Es un sacrificio que vale la pena –si no se reitera a costa de llevar a la bancarrota al doctorando, claro–. En otros casos, como por ejemplo en los congresos internacionales en los que están implicadas un gran número de sociedades, suele haber un apartado destinado también a favorecer la asistencia de jóvenes investigadores. El número de becas es mayor, aunque la competencia es también alta. Pero ojo, nunca hay becas para todos. Sea como sea, si un doctorando quiere asistir a un congreso, debe solicitar una beca sin dudarlo. Esto supondrá un ahorro considerable para el presupuesto de dicho doctorando —que en algunos casos incluso paga la inscripción de su bolsillo— o para el laboratorio, que podría tener escasos fondos para cubrir estos eventos. Solo hay que entrar en la página web del congreso y estudiar con calma el apartado "becas de asistencia". Pero además, están las empresas. Hay muchas empresas dedicadas a la venta de productos de investigación, como aparatos o reactivos. El objetivo de estas empresas, como la mayoría de la gente sabe —sobre todo lo saben los que hayan estudiado ciencias empresariales, administración y dirección de empresas o economía— es ganar dinero. Solo les importa eso. Para ello, tienen que vender sus productos a los investigadores y un escaparate ideal son los congresos científicos. Algunas de estas empresas hacen publicidad a través de sus páginas web, ofreciendo becas o dinero para ayudar a que los investigadores jóvenes puedan asistir a los congresos, donde estas empresas mostrarán sus productos. Algunos de estos incentivos son directos si el asistente al congreso ha utilizado en sus investigaciones un producto o productos de dicha empresa. Otras veces, hay alguna especie de sorteo. Sin duda, esto es una potencial ayuda económica para los laboratorios que tienen escasos recursos destinados a la asistencia a congresos, con lo que no es mala idea intentar "pescar" alguna de estas "becas-publicidad". Para ello, hay que consultar en las páginas web de esas empresas. Los más valientes, pueden incluso proponer directamente al delegado comercial de turno, que intente aportar fondos para la asistencia a esos eventos. En medicina, esto es muy común, aunque no lo es tanto en investigación básica. De todos modos, no está de más tentar a estos delegados comerciales con la idea de favorecer a un laboratorio –dentro de la legalidad naturalmente– que les está comprando productos. Todos salen beneficiados.

Cada día tienen más importancia y son más numerosos los congresos on-line o virtuales. Todavía no muy apreciados por los investigadores en 2014, con el tiempo llegarán a suplir de manera importante a los congresos presenciales –aunque espero que no totalmente–. Los congresos on-line tienen claramente la ventaja logística, es decir, no es necesario salir del laboratorio para intercambiar información. No se pierde tanto tiempo en el papeleo de las inscripciones, ni viajando. No se gasta tanto dinero propio y no hay riesgo de perder las maletas o extraviar el póster. Además, cada día más estudiantes y más doctorandos realizan y reclaman más cursos virtuales y participan en más congresos on-line –principalmente por el hecho de que muchos son gratuitos– por lo que todo el sistema de aprendizaje en la red se está optimizando a pasos agigantados. Por el contrario, se pierde el valor de las relaciones personales físicas, mucho más agradables que el frío intercambio de caras a través de una pantalla de ordenador. Muy posiblemente el reemplazo de congresos presenciales por congresos on-line se realice de forma análoga a como se van sustituyendo los libros en papel por los e-books o las tabletas. Hay quienes sostienen que los libros tradicionales no morirán nunca, pero las cifras ya apuntan a que los e-books están ganando terreno rápidamente. Y si no son los e-books, serán las tabletas o los teléfonos con pantallas de alta definición donde se pueden leer libros en formato pdf u otros formatos digitales.

Viajes y estancias

Vio las ciudades de gran número de gentes y conoció sus ideas.

Homero

Desplazarse, ir de uno a otro lugar, es una de las características de las especies superiores.

P. Morand

La vida es un libro del que, quien no ha visto más que su patria, no ha leído más que una página.

F. Pananti

Para ser útil a la humanidad, el sabio puede incluso ir a otra ciudad o tierra que le sea más favorable, puesto que el cosmopolitismo estoico le otorga la condición de ciudadano del mundo.

L. Séneca

El hombre depende de la cooperación, y la naturaleza le ha dotado —es cierto que no del todo bien— con el aparato instintivo del que puede surgir la cordialidad necesaria para la cooperación.

B. Russell

La mayoría de las personas no ven el mundo que se extiende más allá de sus propias ciudades. Es triste pero es así, aunque los vuelos *low cost* hayan tratado de remediarlo.

Si durante la realización de la Tesis Doctoral existe la posibilidad de realizar una estancia de corta duración, hay que realizarla. Visitar otro laboratorio aporta numerosas ventajas al doctorando. Los doctorandos que se involucran más en la investigación querrán viajar, durante el tiempo que sea. Saben que no hay nada negativo en irse fuera y que todo serán ventajas, comenzando por un punto adicional muy positivo en su CV. El que tiene miedo no querrá irse. Teme no estar lo suficientemente preparado, teme al idioma, a las costumbres, a lo desconocido, a que el avión se caiga, a que lo secuestren, a que su pareja no le espere, a gastar dinero, a que será un desconocido… El principal obstáculo del *Homo sapiens*; el miedo.

Si finalmente aceptamos realizar una estancia, hay que planificarla bien. Lo primero que hay que hacer es pensar en el poco tiempo que se tiene para aprender algo, o para realizar experimentos. En la mayoría de ocasiones —sobre todo si la estancia de investigación transcurre en otro país— las costumbres, la forma de pensar, horarios, organización, jerarquía, etc., son completamente diferentes a las de nuestro laboratorio. En algunos casos incluso, viajar permite conocer las diferencias económicas entre nuestro laboratorio y el que se visita. Por lo tanto, no solo hay que adaptarse cuanto antes al nuevo ambiente de trabajo, sino también a su economía, que puede ser más rica o más pobre. Esta será una buena ocasión para aprender algo sobre gestión de los recursos en un laboratorio, ya sean estos tremendamente opulentos, o penosamente escasos. Además, en muchas ocasiones nos sorprenderá la diferente forma y eficacia con la que otros laboratorios realizan determinadas técnicas que parecen dogmáticas en el nuestro.

A lo mejor no terminamos los experimentos planeados, o nos damos cuenta de que hemos perdido el 50% del tiempo haciendo papeleo inútil, o nos queda la sensación de que en el laboratorio de acogida han pasado de nosotros. Sea como sea, hay que pensar en positivo. Como digo, cuando se termina una estancia corta, el mero hecho de poder reflejarla en el CV ya es un punto positivo, pero a poca sociabilidad que tengamos, seguro que dejamos amigos y conocidos con los que seguir en contacto o volver a contactar en el futuro. Los lugares son las personas, no la geografía.

Networking

Tanto los científicos como sus doctorandos conocen actualmente la superficie de las redes sociales. Además de las estrictamente "sociales", existen también las redes específicas para investigadores científicos. Entre ellas (science-oriented) podemos encontrar: Academia,

Biocompare, BioMedExperts, LabRoots, NatureNetworks, PLOS Blogs, ResearchGate, ScientistSolutions, SelectScience, SEQanswers, The Science Advisory Board, Frontiers, The Node Biologists y Labome. En otras redes como Linkedin, Facebook o Twitter, más conocidas y menos científicas, hay grupos especializados en diversos temas de biotecnología, ingeniería, enfermedades infecciosas, etc.

En todas estas redes no solo se pueden compartir experiencias, sino también protocolos experimentales y artículos científicos y se tiene una información actualizada de lo que hacen nuestros colegas. También, se pueden plantear preguntas específicas sobre un problema concreto, para que otros científicos de la red nos ayuden a resolverlo, o plantear debates sobre los diferentes temas de investigación llevados a cabo por la comunidad científica. Y una ventaja muy clara es que podemos acceder directamente a ellas desde nuestro smartphone, nuestra tableta o nuestro ordenador portátil, en cualquier momento.

Es muy importante tener siempre presente que no solo debemos pertenecer a una red social para obtener recursos o para acudir en busca de soluciones, también hay que aportar algo, aunque sea poco y con cuentagotas. Alguien que participa activamente ganará adeptos y credibilidad. Si no participamos nada en una red, es como si no existiéramos en ella. Seremos solo un número, no una cara, un prestigio, o la cabeza visible de un laboratorio. Hay que ayudar a los demás como queremos que nos ayuden a nosotros. El dominio de alguna o varias de estas redes científicas es de gran interés, ya que nos permite adentrarnos en el mundo de las colaboraciones multidisciplinares, lo que hará más competente al doctorando en su trabajo y le permitirá construir una amplia red de contactos para aumentar sus posibilidades laborales en el futuro.

¿Qué es un artículo científico?

Como ya expliqué en el capítulo sobre el "oficio de investigador", los descubrimientos de una investigación científica deben ser comunicados a la sociedad, no solo para que esta se beneficie, sino porque además, el número y calidad de los artículos científicos es el criterio más importante por el que un investigador es actualmente no solo valorado, si no también evaluado.

Un artículo científico no es ni más ni menos que un texto que refleja los resultados de un conjunto de experimentos planteados y realizados por investigadores, para intentar resolver un problema científico.

Actualmente, los resultados científicos se publican en inglés. No vamos a entrar en debates estériles sobre las desventajas que tienen los investigadores españoles, franceses o alemanes —entre otros— en este tema. Hay que publicar en inglés. Esto es ineludible. Por lo tanto, el doctorando debe dominar este idioma y solo hay una manera de conseguirlo: aprendiéndolo. Si bien esto no es crucial al comienzo de la Tesis, sí que lo será al final. Cuanto antes empiece el doctorando a estudiar este idioma, mejor. El director de Tesis debe exhortar a ello cuanto antes.

Cuando un becario comienza su Tesis Doctoral, lo normal es que sea totalmente ajeno al mundo de las publicaciones científicas. Es necesario que el Director de Tesis explique con rigor, que las investigaciones que se realicen durante la Tesis Doctoral, inevitablemente deberán ser publicadas en revistas científicas y que esto repercutirá primero en el doctorando y en su *curriculum vitae*, pero también en el grupo y en el propio director de Tesis. En este capítulo trataré este tema de la manera más completa posible.

El proceso de revisión por expertos

Cuando un artículo está terminado, el autor de correspondencia/jefe ya sabe normalmente en que revista encajarán mejor los resultados que contiene. Algunos de los factores que influyen en el jefe de grupo a la hora elegir una revista a la que enviar un artículo científico son los siguientes: relevancia y reputación de la revista en una disciplina particular, el factor de impacto, la asociación entre la revista y una sociedad científica, las tasas de publicación, la recomendación de algún colega, la amistad con editores o revisores, experiencias positivas de artículos pasados enviados a una revista en concreto, la velocidad de publicación o la probabilidad de aceptación por la revista y la opción de publicar en acceso abierto.

Si nuestra meta es publicar un artículo científico de alto impacto, debemos tener en cuenta que hay que hacer experimentos importantes, que llevan bastante tiempo. Además, experimentos importantes implican material biológico suficiente y reactivos caros. Disponer de material biológico suficiente y de reactivos importantes requiere de medios económicos importantes. Medios económicos importantes están normalmente solo al alcance de laboratorios potentes. Además, la publicación de artículos en revistas de alto impacto lleva normalmente implícita una tasa económica que no todos los laboratorios pueden costearse. Publicar en algunas revistas puede costar entre 1.500€ y 3.000€ (por ejemplo, *ChemistryOpen*, *EMBO Molecular Medicine*, *Microbial Biotechnology*). En algunas ocasiones, el precio de publicación se puede reducir si se acredita por ejemplo, la pertenencia a alguna sociedad científica afín a la revista.

Un artículo se crea a raíz del trabajo físico o teórico de uno o varios investigadores. Hasta hace unas décadas, los artículos eran en su mayor parte escritos por uno o varios autores como mucho, ya que los investigadores trabajaban de manera vocacional y bastante ermitaña, sin las posibilidades de búsqueda e intercambio de información que ofrece hoy en día la red. Actualmente, el número de autores de un artículo científico puede llegar a ser muy elevado, quizás porque muchas personas han aportado contribuciones individuales, o porque hay multitud de colaboradores, o porque se trata de un estudio multicéntrico, etc. A esto se une que la investigación ha pasado a considerarse en muchos casos como una profesión más, dejando de un lado la vocación y la soledad en el laboratorio.

Por lo tanto, debido a que los autores de un artículo pueden ser numerosos, el interés del doctorando debe centrarse en el primer puesto de la lista. El primer autor suele ser normalmente el que ha realizado la mayor parte del trabajo —en muchos casos todo el trabajo—. El último autor, suele ser normalmente el jefe del grupo o el director del laboratorio o de un proyecto en cuestión. Lo normal es que un doctorando no sea capaz de dirigir una investigación él solo y mucho menos de redactar un trabajo científico en el primer o segundo año de su Tesis Doctoral, por lo que la escritura de los artículos de un grupo de investigación suele recaer en el investigador principal, que ocupa la posición denominada "autor de correspondencia", que suele estar señalada en la lista de autores con alguna marca especial, como por ejemplo, un asterisco, o con el típico sobrecito que indica una dirección de correo electrónico. Este autor de correspondencia es el encargado de la relación con el editor de la revista durante el proceso de revisión y posterior aceptación o rechazo del artículo. Es inusual encontrar doctorandos que sean a su vez los autores de correspondencia de sus trabajos. En el caso de investigadores postdoctorales, aunque sean jóvenes, la autoría de correspondencia suele ser ya más habitual. Pero, lo normal es que sea el jefe del grupo el que ocupe esta autoría de correspondencia y por lo tanto la última posición en la lista de autores. Siendo prácticos, los doctorandos deben ocupar la primera posición todas las veces que sea posible y los investigadores postdoctorales, deben buscarse una reputación científica apareciendo cada vez más a menudo como autores de correspondencia o en la última posición.

Ahora bien, si para un doctorando no es posible ir en primer lugar de una publicación relacionada con su Tesis Doctoral, una segunda posición, o incluso una tercera, serán bienvenidas. En algunos casos, es difícil discernir cual de los dos primeros autores ha realizado la mayor parte del trabajo y quién debe ir en primer lugar. Esto se suele solventar colocando una marca al lado de estos dos primeros autores y haciendo una reseña en el pié de la primera página, o en los agradecimientos, que deje constancia de este hecho: ambos autores han contribuido de igual manera al presente trabajo.

Pero claro, el primer puesto será el primer puesto, medalla de oro, y el segundo puesto, medalla de plata. Nadie se acuerda de los que ganan una medalla de plata.

Prácticamente toda la atención se centra en el ganador. El autor de correspondencia –o jefe de grupo– podría invertir en el siguiente artículo las posiciones de estos dos autores para "compensar" de alguna manera sus aportaciones. En muchos casos, el director de Tesis puede considerar que es suficiente con que figuren dos autores en el artículo, el doctorando y él mismo. Este peculiar estilo puede ser un reconocimiento a la autosuficiencia del doctorando, pero ningunea o no hace mención a otros miembros del grupo, como los técnicos, que pueden haber contribuido directa o indirectamente en el trabajo físico implícito en los experimentos de la publicación.

Las posiciones de autores entre la tercera y la última, no serán prácticamente tenidas en cuenta durante muchas de las evaluaciones curriculares futuras, o de cara a entrevistas de trabajo, ya que no reflejan un papel concreto en la realización del trabajo. Simplemente, se suelen poner como pertenecientes al grupo, o debido a que han realizado aportaciones menores.

Actualmente, el incremento –incluso exagerado– en el número de autores de muchos artículos científicos tiene dos orígenes claros, por una parte, que la tecnología facilita enormemente la colaboración en ciencia y por otra parte, que los sistemas de evaluación presionan cada vez más a los científicos –sobre todo a los más jóvenes– induciéndoles a una vorágine de publicaciones. En el caso de algunas áreas de investigación, el número medio de investigadores por artículo es muy elevado, superando ampliamente la treintena. Es difícil imaginar sesenta u ochenta manos trabajando en la misma técnica, o treinta o cuarenta mentes contribuyendo de forma aditiva a las conclusiones teóricas de unos experimentos, o incluso solamente a una única teoría. Sea como sea, es mejor ir en una publicación que no ir. Y la posición es muy importante.

Por suerte o por desgracia, los organismos de financiación públicos y privados necesitan un baremo para la evaluación de los candidatos que optan a los fondos que estas entidades están dispuestas a aportar. Estos fondos están destinados normalmente a la realización de un proyecto de investigación, del cual se espera una productividad teórica o práctica, que debe ser a su vez reflejada en publicaciones científicas. Es decir, los resultados que obtienes en tus investigaciones deben verse reflejadas en publicaciones científicas, accesibles a la comunidad. Pues bien, uno de los criterios más importantes para la concesión de fondos es esta producción científica. Dicha producción se refleja sobre todo en la cantidad y calidad de los artículos científicos que dicho grupo, laboratorio, o investigador ha publicado a lo largo de su trayectoria científica. Si un grupo, laboratorio, o investigador no publica sus resultados, caerá en el ostracismo con respecto a la comunicad científica.

Otros criterios evaluables a la hora de conceder fondos de investigación que financian proyectos son: la propia obtención de fondos para investigación –proyectos finalizados o en vigor– a través de convocatorias públicas o privadas, el número de patentes que ha producido el grupo, el número de Tesis Doctorales dirigidas, la pertenencia a redes de investigación, etc. Pero el principal criterio sigue siendo el número y calidad de las publicaciones científicas. Hace unos pocos años surgió el proyecto ORCID (Open Research and Contributor ID), un sistema global para la identificación de investigadores (efectivamente los identifica porque consta de 16 dígitos) donde figurarán los logros científicos de éstos, incluyendo artículos, patentes, proyectos, citas, apariciones en los medios, actuaciones como revisores –número e impacto de las revistas y artículos de los que han sido revisores– identificación de colaboradores, etc. Información que parecen comenzar a abrazar las agencias de financiación y las instituciones académicas y de investigación.

A veces, únicamente se valora este último punto –los artículos– con lo que los investigadores –sobre todo los jóvenes– se rinden a la frase de "publicar o morir", que encierra un círculo vicioso donde se juzga más bien "en que revista publican" en lugar de "lo que publican".

Básicamente, cuantos más artículos tenga en su CV un científico, o un grupo, mejor valorados serán tanto por la comunidad científica, como por los organismos de financiación que aportan capital a los proyectos de investigación. Como hemos dicho anteriormente, hay otros criterios, pero este es el principal, repito: número y calidad de las publicaciones científicas.

La calidad se valora mejor que la cantidad. Para explicar esto podemos citar a Aristóteles, que dice que: *lo más raro es más importante que lo más abundante, como el oro con respecto al hierro, aunque sea menos útil, pues su posesión es más valiosa por ser más difícil de conseguir. Lo más difícil es más valioso que lo más fácil, porque es más raro.*

Lo mismo ocurre con los artículos científicos, los mejores, son más escasos y también más difíciles de conseguir, por lo que son más importantes.

En este punto conviene hablar sobre cómo se valora actualmente la calidad de un artículo científico. Aparece en escena el *Factor de Impacto* (FI) de una revista. Este FI fué creado hace unos 50 años por Eugene Garfield, como una herramienta para ayudar a las bibliotecas a decidir que revistas comprar —algo bastante diferente de su decisivo papel actual— pero que es actualmente la obsesión de cualquier científico, sobre todo de los jóvenes investigadores postdoctorales.

El FI se calcula sobre los dos últimos años en los que esa revista ha estado publicando artículos. Tras estos dos años —pongamos años 1 y 2— el FI se calcula utilizando el año siguiente, o tercer año —año 3—. El FI de *esa revista*, equivale al número de citas que han recibido los artículos publicados en los años 1 y 2, en artículos de *todas las revistas* publicados en el año 3, dividido por el número de artículos publicados por *esa revista* en los años 1 y 2.

Por consiguiente, el FI de una revista en el año 3, será la medida de la importancia de esa publicación científica. En el año vigente, se tiene en cuenta el FI publicado el año anterior. Pues bien, la importancia de un artículo científico es la misma que la de la revista en la que está publicado. Si una revista tiene un FI de 5, los artículos publicados en esa revista tendrán cada uno un FI de 5. Si una revista tiene un FI de 30, los artículos que contiene tendrán un FI de 30, es decir, serán seis veces más importantes que los anteriores con un FI de 5. Hay otros varemos, pero el FI es el más influyente.

Como ejemplo de FI brutal citaré la revista Cancer Journal for Clinicians (CA) que tuvo un factor de impacto en 2012 de 153,459. Como FI bajo, citaré la Revista Chilena de Historia Natural, que tuvo un FI en 2012 de 0,929. Aparentemente hay una desproporción muy grande entre estos dos factores de impacto, pero hay que tener en cuenta otras variables, por ejemplo, que estas revistas están situadas en áreas científicas muy diferentes. La primera en Oncología y la segunda en Ecología.

Esta medida de la importancia de un artículo científico tiene muchos detractores. Hasta tal punto de que 155 científicos, editores, sociedades científicas y agencias de financiación de 55 instituciones de todo el mundo se reunieron en San Francisco en 2012, durante el congreso anual de la Sociedad Americana de Biología Celular (ASCB) para mejorar la fórmula por la que la investigación científica es evaluada. Este grupo de personas redactó la San Francisco

Declaration on Research Assessment y a partir de entonces está cogiendo gran impulso la idea de que hay que pensar seriamente en evaluar la ciencia no solo pensando en el Factor de Impacto. En internet se encuentran ya numerosas publicaciones con nuevas críticas a la utilización del FI por las editoriales científicas y por los evaluadores de proyectos y becas, y también con proposiciones alternativas para la evaluación de científicos –sobre todo científicos jóvenes–, o de artículos científicos en concreto. Algunas de estas proposiciones incluyen entre otras: A) Tener en cuenta el *factor de contenido*, que hace referencia al total del conocimiento generado, no solo al "inmediato". B) La valoración de los resultados tangibles obtenidos en una investigación, como por ejemplo, medir la cantidad de recursos on-line producidos por un trabajo científico y cuanta gente accede a ellos, o como de beneficioso es un trabajo a nivel social o incluso ambiental. C) Aumentar los años en los que se calcula del FI, de 2 a 5. D) Diferenciar bien el tipo de artículo evaluado (revisiones, notas, artículos de opinión, cartas, casos clínicos o artículos de investigación). E) Presionar a las editoriales para que comiencen a valorar la posibilidad de animar a los autores a identificar su contribución específica en los artículos. F) Incluir también el índice H, que no es tampoco perfecto, pero que forma parte de las tendencias actuales. G) Utilizar otros índices como SCImago o EigenFractor.

Por lo tanto, el sistema de publicaciones y recompensas por dichas publicaciones en base al FI está en declive y muy probablemente se impondrán sistemas alternativos de medición del impacto de la ciencia. Las métricas alternativas comienzan a tomar fuerza, denominándose en su conjunto Altmetrics (alternative metrics). Estos filtros de la información científica se han engendrado bajo la necesidad de escrutar y evaluar la inmensa cantidad de información que los científicos vuelcan cada vez más rápido en la red. Algunos gestores de referencias como Zotero, CiteULike o Mendeley, e incluso la utilización de los blogs personales de investigadores, están llamando ya la atención de la comunidad científica. Dicha comunidad, pronto utilizará gran cantidad de herramientas on-line para dictaminar la influencia y el impacto de un trabajo científico que, una vez publicado on-line, no pasa por el filtro tradicional de revisión por pares, sino por los miles de posibles comentarios, críticas y sugerencias de los propios científicos y en tiempo real. El ejemplo más claro —y un buen ensayo— es PubMed Commons, una plataforma reciente que permite a los autores compartir opiniones y críticas constructivas sobre cualquier publicación presente en PubMed.

Resumiendo, se podrá medir si a través de los recursos de la red (blogs, comentarios, links, chats, almacenamiento, opiniones de expertos, descargas, número de entradas, etc.) la comunidad científica considera relevante o no un trabajo científico. ¿Seguiremos necesitando dos revisores, cuando puede haber miles? Es una alternativa que se está explorando.

Una variable añadida al sistema de publicaciones científicas es la aparición en masa de las denominadas revistas de acceso abierto (Open-Access, OA). El sistema de acceso abierto se inició hace una década con la apertura del repositorio on-line arXiv.org que contiene artículos científicos sobre Física, Matemáticas, Ciencia de Computadoras, Biología Cuantitativa, Finanzas y Estadística. Rápidamente le siguieron plataformas como DASH, PloS, PeerJ, BMC, la más actual eLife, o el nuevo BioRxiv.org, teóricamente complementario de arXiv pero para ciencias de la vida (Life Sciences).

Pero cuidado, con la aparición de las revistas de acceso abierto se ha producido otro fenómeno, la hiperproliferación de publicaciones "rapaces" o en algunos casos me atrevería a decir que "carroñeras". Sus editoriales, que publican revistas on-line con nombres increíbles, tratan de llamar la atención de los investigadores –sobre todo de los jóvenes– con la promesa de una rápida publicación. Eso sí, a cambio de una generosa suma de dinero que prácticamente garantiza la aceptación y publicación inmediata. Por consiguiente, han surgido también libros e incluso congresos "rapaces" con el mismo objetivo, recaudar fondos, la mayoría de origen asiático, aunque con sedes virtuales en Occidente.

Muchas revistas OA carecen de un sistema serio de revisión, lo que conduce al riesgo de saturar la red con basura científica o lo que es peor, con imitaciones de artículos seriamente publicados. No quiero hablar del mercado negro de publicaciones que se ha destapado en China por editores de la revista Science en 2013, o el caso del falso científico que envió el mismo manuscrito a 304 revistas de acceso abierto, contado en un reportaje publicado en Science en ese mismo año titulado: Who's Afraid of Peer Review? ¿Quién tiene miedo a la revisión por pares? Evidentemente las editoriales de Science y Nature son paladines contra estas prácticas, aunque me imagino que algún interés empresarial hay también por medio. El mercado actual favorece estas dos publicaciones. En el futuro, su liderazgo podría peligrar.

El beneficio más claro que tiene publicar artículos en revistas serias de OA, es que la información importante para la comunidad científica está accesible rápidamente, sin los tiempos del largo proceso de edición clásica tras la revisión por pares, o el periodo de cuarentena o embargo debido a las políticas de suscripciones. Un punto negativo, es que el dinero que cuesta publicar un artículo en OA podría ser destinado –por ejemplo– a la compra de reactivos para la investigación. Además, parece ser que el control por expertos de lo que se publica es bastante débil –por no decir inexistente– en algunos casos. Esto guarda sin duda relación con el incremento de errores en los artículos, el aumento de retractaciones, fraude, plagio y aparición de publicaciones duplicadas.

Todos estos temas y mucho más, están al alcance de los doctorandos más inquietos a través de numerosas editoriales de las más prestigiosas revistas y se pueden consultar en la red. Incluso podemos encontrar reseñas en periódicos importantes como el New York Times o en secciones especializadas en ciencia de algunas cadenas de televisión americanas o inglesas. De todos modos, temas como el factor de impacto, las ventajas e inconvenientes de la revisión por pares y las revistas de acceso abierto, son temas interesantes pero no deben distraer en exceso al doctorando. Es más importante que cuando éste se levante por la mañana no esté pensando en el factor de impacto, sino en el resultado del experimento que ha preparado el día anterior.

Las etapas de publicación de un artículo científico se pueden resumir de manera muy simple en: se hacen experimentos, se escribe un artículo sobre las investigaciones llevadas a cabo mediante esos experimentos, se envía dicho artículo a una revista, el artículo es evaluado por unos revisores anónimos y por el consejo editorial de la revista y si éste es finalmente aceptado para su publicación, será incluido en un número periódico de dicha revista y se publicará en soporte papel, u on-line. En ese momento, los resultados de la investigación estarán disponibles para la comunicad científica, aunque muchas instituciones deberán pagar una suscripción para acceder a su contenido. En ese momento también, dicha publicación puede ser incluida en el *curriculum vitae* de los investigadores participantes en ese trabajo, los autores y formará parte de sus méritos evaluables a partir de entonces.

La decisión de a dónde se envía el artículo la toma el autor de correspondencia, normalmente de forma unilateral, ya que conoce su campo bien, aunque a veces se debate entre los coautores cual es el mejor sitio para enviarlo. Algunos factores que influyen en esta decisión son principalmente –aunque no necesariamente por este orden– la relevancia y la reputación de la revista dentro de la disciplina científica, el factor de impacto, alguna experiencia pasada positiva con esa revista o con los editores de la misma que indiquen posibilidades de aceptación, las tasas de publicación, la recomendación de algún colega, la pertenencia de la revista a alguna sociedad dentro del área, la popularidad/calidad del equipo editorial o incluso la velocidad del proceso de publicación –para los que tienen más prisa–.

Como la ciencia se escribe en inglés, si es necesario, los artículos científicos deben ser corregidos y editados por alguien de habla inglesa (nativo) antes de ser enviados a una revista. No es descabellado comenzar a sugerir a los responsables académicos alguna asignatura sobre escritura científica en las carreras de ciencias.

En internet se pueden encontrar numerosas empresas y profesionales de la corrección de textos científicos y académicos (Proofreading) que por poco dinero pueden pulir el inglés de un artículo escrito por una persona de habla no inglesa (por menos de 75€/artículo, se pueden encontrar buenos correctores profesionales). Si la economía individual o del grupo no es muy boyante, pueden enviarse partes del artículo para su corrección, como la introducción o la discusión. A medida que se incrementa el precio, se pueden obtener incluso comentarios científicos y consejos perfectamente válidos y muy acertados sobre el tema del artículo. Tampoco está de más consultar manuales de escritura de artículos científicos *–ad hoc–*. Los hay muy buenos y variados, que se pueden encontrar en librerías especializadas tradicionales, o en las que operan en la red, como La Casa del Libro, Barnes & Noble o Amazon, por lo que aquí no nos ocuparemos abiertamente de este tema.

Vamos a profundizar en el proceso de publicación. Los artículos enviados para su publicación en una revista científica pueden correr diferente suerte. Tras una primera comprobación de que el artículo cumple las normas de publicación y las instrucciones de formato dictadas por la revista en las "instrucciones para los autores", éste es recibido por un Editor. Posteriormente: A) Es rechazado directamente por el equipo editorial o por ese mismo editor de la revista que lo recibe en primera instancia. B) El Editor de la revista lo envía a los revisores para que den su opinión y los revisores rechazan el artículo sin posibilidad de volver a enviarlo a la misma revista, aunque se hicieran cambios sustanciales en dicho artículo. C) Los revisores rechazan el artículo en su forma actual, pero éste podría ser enviado otra vez a la misma revista, si se realizan cambios sustanciales en dicho artículo. D) Los revisores sugieren o exigen experimentos adicionales, o respuestas a preguntas concretas sobre el manuscrito, que deben ser contestadas por los autores, antes de que se acepte o rechace definitivamente el artículo. E) El artículo se acepta sin que haya que hacer correcciones adicionales mayores, o contestar a excesivas preguntas planteadas por los revisores.

En cuanto al punto A, el rechazo de un artículo por un Editor puede ser debido a varios motivos. Evidentemente, uno de ellos es que el artículo sea considerado como altamente deficiente en forma o contenido para ser publicado, o que no aporte nada nuevo a lo que ya está publicado en esa u otras revistas. Otro motivo de rechazo es que el contenido del artículo no encaje con lo que la revista quiere ofrecer a sus lectores especializados. Es el denominado *scope*, campo, o ámbito de la revista. La existencia de un ámbito concreto implica que los autores han de estudiar rigurosamente si el conocimiento que aporta su artículo encaja con lo que los lectores y suscriptores de esa revista esperan ver reflejado en ella. Un tercer motivo de rechazo directo suele ser el impacto que el trabajo puede tener en el ámbito de la revista. El trabajo puede estar coherentemente presentado, encajar perfectamente en el *scope* de la revista, sin embargo, los trabajos que son aceptados en ella superan a dicho artículo en cuanto a impacto científico sobre su disciplina en concreto. No se pueden aceptar todos los trabajos que llegan a una revista para su publicación. Esto no solo terminaría con la masa forestal terrestre en poco tiempo, si no que las revistas quieren mantener un estatus aceptando solo los mejores trabajos. No hay sitio para todos. Por lo tanto, el índice de rechazo puede fácilmente llegar al 80%-90% en las mejores revistas científicas, donde todos los investigadores ansían publicar. Lo peor de ser rechazado de esta manera es que el único motivo es ese, o no hay sitio, o el trabajo no resulta lo suficientemente interesante –y no hay sitio– o que la calidad del mismo es pobre y los revisores ni siquiera se molestan en dar explicaciones o intentar ayudar a los autores con alguna frase constructiva. Lo mejor que se puede hacer en estos casos es revisar completamente el trabajo realizado y el artículo entero. Vamos, borrón y cuenta nueva. O existe la alternativa de mandarlo a una revista menos potente.

En cuanto al punto B, el editor considera que el artículo es interesante para su revista y lo envía a los revisores anónimos para que lo valoren a conciencia. Si el artículo es rechazado sin posibilidad de volver a enviarlo a la misma revista, se produce un grado variable de frustración en el autor de correspondencia del artículo, que es el encargado de mantener la interacción con el editor y los revisores. Un porcentaje muy alto de los artículos que llegan a una revista excelente es rechazado. En algunos casos extremos, los autores del artículo montan en cólera por comentarios inesperados –a veces muy agresivos– que pueden llegar incluso a causar gran enojo y otras alteraciones psicomotrices en el autor de correspondencia. A veces, los autores del artículo piensan que alguno –o todos– los revisores ni siquiera han leído con calma el artículo y lo han criticado a quemarropa. Esto último es poco probable, pero no todos los revisores están capacitados para revisar todos los artículos que les llegan. Un trabajo científico reflejado en una publicación puede ser un esfuerzo de muchos meses o de años y además, como seres humanos, aceptamos siempre mal las críticas. Éstas son aun peores de soportar cuando parecen incomprensibles, despectivas, o carecen a todas luces de fundamento. Pero hay que recordar que los revisores también son humanos. Y no es extraordinario que cuando un autor envía un manuscrito para su publicación en una revista, crea que su trabajo debe ser rápidamente publicado. Sin embargo, ese mismo autor, cuando es requerido para revisar un artículo, critica con fiereza lo que está leyendo.

La solución es mantener la calma. No tenemos más remedio que aceptar las críticas aunque no las compartamos, pero siempre, siempre, hay que tratar de obtener todo lo positivo posible de las mismas. Recordemos que para la tranquilidad mental, es necesario tener la convicción de que los revisores quieren que se publique la mejor ciencia posible, para que el conjunto de la sociedad salga beneficiado. Desde otro punto de vista, una buena crítica hará que nuestro ego vuelva a aterrizar, lo cual no es mala cosa.

Por otro lado, los revisores destructivos suelen regalar comentarios directamente ofensivos y no vale la pena perder el tiempo pensando en ellos. Los revisores constructivos expondrán detalladamente su opinión sobre el manuscrito, intentando en la medida de lo posible hacer comentarios que sirvan a los autores como ejemplo de lo que hay o no hay que hacer, para que el trabajo sea sustancialmente mejorado. El Editor suele añadir algún toque pacificador a comentarios despectivos o innecesarios de los referees destructivos, e instará a los autores a que modifiquen el artículo y "prueben suerte" en otra revista. Si continúan su carrera científica, los doctorandos llegarán en el futuro a ser revisores, por lo que tienen que aprender tanto de los comentarios destructivos como de los constructivos y de los errores que estos comentarios hayan evidenciado en sus artículos.

El punto C, hace referencia a que los revisores rechazan el artículo en su forma actual, pero aceptan la realización de modificaciones sustanciales en el continente o el contenido, que permitirían su mejora y por lo tanto el beneplácito de una nueva posibilidad de aceptación. El "problema" es que en muchos casos, estas modificaciones "sustanciales" requeridas son "excesivas". Esto quiere decir que para satisfacer a los revisores —o incluso al Editor— los autores del artículo deberán realizar experimentos adicionales que refuercen, justifiquen, o mejoren los resultados actuales. Evidentemente, estos experimentos adicionales implican tiempo, dinero y esfuerzo y en algunos casos son de difícil abordaje. Por supuesto, los revisores no tienen una bola de cristal, e ignoran que si los autores hubieran sido capaces de realizar esos magníficos experimentos adicionales, el artículo habría sido enviado a una revista de categoría superior. Normalmente vale la pena el esfuerzo extra, a no ser que el trabajo exigido sea hercúleo e inabordable, o que el laboratorio no disponga de los medios necesarios para llevarlo a cabo. Si el laboratorio es grande y potente, esto no será un problema, a costa del esfuerzo o sacrificio del doctorando de turno.

Los autores son libres de intentar negociar la realización parcial de estos experimentos adicionales, pero lo recomendable es ser de nuevo realista y valorar incluso si conviene enviar el trabajo, con alguna de las modificaciones sugeridas, a otra revista, aun corriendo el riesgo de rebajar el factor de impacto del futuro artículo. Más vale tener unas décimas menos de factor de impacto, que un artículo sin terminar en el cajón del jefe del grupo. Sobre todo, cuando el final de la Tesis está cerca y el tiempo juega en contra del doctorando, que quiere publicar a toda costa, con las expectativas de poder competir en la siguiente convocatoria de becas postdoctorales o porque está en la antesala de una nueva posibilidad laboral. Sea como sea, hay que intentar sacar algo productivo de unos comentarios negativos de los revisores. Algo muy útil es guardar en algún formato todos y cada uno de los comentarios que se intercambian entre el autor de correspondencia, el editor y los revisores. Esto puede ayudar a contestar rápidamente a otros revisores en el futuro. Además, posiblemente un jefe relativamente joven, o un doctorando, va a ser un potencial revisor durante su carrera científica y le interesa tener ya las respuestas a preguntas que se han formulado previamente. Por otra parte, los referees constructivos hacen preguntas inteligentes, que hay que tener en cuenta a la hora de responder a cuestiones que se nos planteen durante el trabajo, o durante la revisión de artículos ajenos. Por eso mismo, no está de más guardar todos los comentarios que los revisores nos van haciendo durante nuestra carrera, empezando por los que hacen de las publicaciones que brotan de la propia Tesis Doctoral.

En el caso D, los revisores sugieren o exigen experimentos adicionales menores, o respuestas a preguntas concretas sobre el manuscrito y esto es en muchas ocasiones una garantía de la próxima aceptación. Las indicaciones de los revisores no serán muy severas y los implicados más directos en el artículo (normalmente el primer y el último autor) se pondrán rápidamente manos a la obra para intentar contestarlas. Los experimentos menores exigidos deben realizarse cuanto antes y la redacción debe ser minuciosamente chequeada de nuevo. Las preguntas claras y directas exigen respuestas claras y directas y los errores señalados, sean de forma o de fondo, deben ser asumidos y solventados. Sobre todo, hay que tener en mente que los comentarios de los revisores —en la mayoría de los casos— siempre ayudarán a mejorar el manuscrito. Puede que haya que enviarlo a una, a dos, o a siete revistas más, pero sea como sea, el manuscrito acabará siendo mejor a medida que lo van revisando más científicos y sobre todo, mucho mejor de lo que era en su primera versión. Si un artículo ha sido rechazado porque carecía de algunas demostraciones experimentales requeridas por los referees, dichos experimentos deben realizarse —en la medida de lo posible—

antes del reenvío del manuscrito a esa revista o a otra diferente. Aunque creamos saber las respuestas a las preguntas planteadas por los revisores, es muy difícil expresar con palabras lo que no se ha demostrado con hechos, por muy convencidos que estemos de nuestro dominio del tema, o de nuestras virtudes retóricas

Con el punto E no hay duda posible. Si el artículo es aceptado, aunque haya pequeños detalles que pulir, el éxito debe ser celebrado. En un ambiente de laboratorio crecientemente competitivo, donde hay largas horas de trabajo muchas veces en solitario, el éxito de una publicación aceptada debe ser motivo de festejo. Y no solo los artículos, creo que también podría celebrarse por ejemplo, la consecución exitosa de un experimento extremadamente tedioso o complicado.

Pelea por la autoría

El orden de los autores refleja normalmente su grado de implicación en una publicación científica. Esta implicación puede ser práctica o teórica y muchas veces, es inevitablemente subjetiva. En algunos casos también, la implicación de un investigador en un artículo es nula y su inclusión en la lista de autores puede deberse al pago de deudas o favores realizados al director del trabajo —y que deben ahora ser devueltos— para favorecer por ejemplo, una progresión científica. En otros casos, el jefe o director del laboratorio entiende que todos los miembros del grupo deben verse favorecidos por una publicación, o que dicha publicación ha sido posible porque existe el grupo al completo, aunque algunos de sus miembros realicen trabajos muy tangenciales al reflejado en el artículo. Esta es una forma de fortalecer al propio equipo de investigación, aunque el orden de los autores debería o podría estar definido incluso antes de comenzar el trabajo.

Algunas revistas científicas han comenzado a requerir que los autores de las publicaciones incluyan una sección donde especifiquen su contribución al artículo. Esto es un avance, pero no es la solución definitiva, ya que las contribuciones son en algunos casos totalmente subjetivas y pueden justificarse simplemente con el mero hecho de la aportación de reactivos, o con la participación en la "argumentación teórica" de alguna parte del texto, por citar algunas. En muchos casos, determinar la correcta autoría es muy complicado, e incluso algunas personas hacen alusión a fórmulas matemáticas para colocar y recolocar a los autores, en base cuestiones como las horas de trabajo dedicadas, implicación en la redacción final del manuscrito, u otros parámetros difícilmente objetivables. Un autor puede haber colaborado en la obtención de fondos para un proyecto, o en la supervisión o administración del mismo, o puede haber participado en la formulación de la hipótesis o del problema científico planteado. Otros participan en la realización de los experimentos o en la mera obtención de datos o en su análisis. Algunos aportan materiales, pacientes, animales de experimentación o herramientas analíticas. Y finalmente, alguno escribe el manuscrito o aporta algo a su revisión final o a la presentación de las figuras o los datos.

Muchas veces un autor que ha merecido una posición relevante en la lista de autores, se ve relegado a una posición peor. Esto suele dar lugar a disputas internas que vician el ambiente en los laboratorios. Hasta ese punto llega el sentido de la frase "publicar o morir". A la hora de competir por becas o por posiciones postdoctorales, los evaluadores observarán con detalle la posición de un candidato en los artículos que ha publicado su grupo. De ahí que, al principio de las Tesis, los doctorandos no son conscientes de la importancia de ir en primer lugar en las publicaciones. Corresponde al director del laboratorio o al jefe —que normalmente es el autor Senior de la publicación— el impartir justicia en cuanto a las posiciones de sus coautores, aunque a veces esta justicia no parezca tan justa.

Tipos de artículos científicos

En este apartado conviene recordar qué tipos de artículos científicos existen y cuales pueden ayudar a introducirnos en el argumento real de la Tesis. Primeramente, el doctorando debe leer revisiones generales sobre el todavía impreciso tema de Tesis Doctoral, sobre la hipótesis de trabajo o sobre una línea de investigación concreta. Hay revistas que se dedican exclusivamente a publicar revisiones escritas por prestigiosos científicos en áreas muy diversas. Son las *revisiones* (reviews). Como sus propias directrices indican, la misión de estas revisiones mensuales o anuales es proporcionar una síntesis útil e inteligente de la literatura más importante publicada en cada una de las disciplinas científicas. Estas revisiones por lo tanto, sirven como una introducción extensa a un campo concreto de la ciencia y muchas de ellas hacen también hincapié no solo en la situación actual de dichos campos sino en las lagunas de conocimiento actuales que hay en ellos. En muchas de estas revistas, los artículos se escriben pensando no solo en los especialistas del área, sino también en investigadores de otras disciplinas. Además, existen revistas que publican artículos pensando en los descubrimientos más recientes y en el estado actual de los temas de investigación.

Es muy aconsejable buscar los artículos que interesan en revistas –o incluso volúmenes– como:

Annual Reviews: http://www.annualreviews.org/

Nature Reviews http://www.nature.com/reviews/index.html

Trends http://www.cell.com/cellpress/trends

Current Opinion http://www.current-opinion.com/

Además de estas revistas dedicadas única y exclusivamente a revisiones, otras pueden contener diferentes tipos de artículos. Los investigadores deben valorar la información que extraen de sus experimentos para decidir el tipo de formato que más conviene para la presentación de los mismos, siguiendo las recomendaciones de cada revista.

Así por ejemplo, hay revistas que admiten *artículos originales* (los más comunes) donde se muestran los resultados de una investigación que no han sido publicados anteriormente.

Artículos de revisión –normalmente encargados por los editores de la revista– sobre algún tema de actualidad que sea de interés para los lectores de la revista.

Comunicaciones cortas. Muestran también resultados originales, pero en un formato que ocupa menor extensión que los artículos originales. Algunos científicos creen que no tienen tanto valor como un artículo original, pero es simplemente una cuestión de MAGNITUD del contenido, ya que el interés de lo que contienen puede ser igual o incluso mayor que el de los artículos normales. Además, para el doctorando ambos tipos de artículos cuentan como "artículos publicados". Muchas veces, un artículo original es simplemente "reducido" en tamaño debido a las limitaciones físicas del propio formato de la revista y se presenta en formato de *comunicación corta*.

Cartas al editor. Como su nombre indica, son cartas que se dirigen al editor de una revista y que contienen comentarios útiles, a veces algunos datos, e incluso críticas a otros artículos publicados en dicha revista. Estos "comentarios" son muy bien recibidos por los editores, pues contribuyen a la higiene científica y al intercambio de opiniones. Por supuesto, la decisión de publicarlos depende completamente de los editores o del editor jefe de la revista. Yo personalmente, valoro bastante que estas cartas salgan de la mente de los doctorandos, porque esto indica que poseen espíritu crítico y ganas de aportar comentarios provechosos para su campo de investigación. Además, también indica que se han leído con mucha atención los artículos sobre los que realizan estos comentarios.

El arte y los premios en Ciencia

Eres tan feo que podrías estar en un museo de arte moderno.
Sargento de artillería Hartman

La ciencia es también un proceso creativo, como el arte. Particularmente, simpatizo más con el arte clásico que con el arte "moderno". En el arte clásico, la mayoría de las obras han necesitado mucho tiempo de realización, sean esculturas o pinturas. El arte "moderno" se puede realizar incluso en pocos segundos. Las fotografías científicas capturan el arte clásico que la naturaleza ha empleado en todas y cada una de sus formas y que no es otro que el arte de la evolución.

Desde los pelos de las patas de una araña, hasta los peces abisales, todo son obras de arte si se contemplan desde la perspectiva de la investigación. Grandes o pequeñas, desde la majestuosidad de la ballena azul, hasta la minúscula bacteria intestinal.

El nivel de belleza de estas obras de arte se incrementa proporcionalmente a los aumentos que podemos aplicar para visualizarlas a través del microscopio. Los "afortunados" que trabajan en algún área científica donde la observación minuciosa es imprescindible, se darán cuenta de lo que digo. Pues bien, ¿Por qué no aprovechar las herramientas de las que disponemos para hacer un poco de arte?

En cierta ocasión descubrí en un folleto científico comercial la convocatoria de un concurso anual de fotografía científica. Elegí dos fotos fantásticas —desde mi punto de vista— de mi Tesis y las envié sin muchos miramientos. Me olvidé del tema porque el resultado del concurso se conocería unos 6-8 meses después. No recuerdo el premio para el ganador del concurso, pero mis dos fotos quedaron en segunda y cuarta posición. Fue una alegría tremenda recibir una carta con esas noticias.

Los premios con los que me obsequiaron fueron, una siempre práctica navaja suiza y una llave USB para el ordenador —de baja capacidad por cierto—. No creo que haya utilizado esos dos utensilios nunca, pero aquello me sirvió para demostrar la teoría de que cada cosa que no haces para conseguir algo, es una oportunidad que pierdes para lograrlo.

Y por supuesto, estoy muy orgulloso de que ese segundo puesto en un concurso a nivel mundial luzca en mi CV. Y por supuesto también, seguí participando en ese concurso anual y varios años más tarde por fin lo conseguí ganar.

Hay mucha gente que dice que optar a premios es una pérdida de tiempo, ¿para qué presentarse? no me lo van a dar, habrá demasiados participantes, yo no tengo nada interesante que presentar, eso es para jóvenes —o, eso es para investigadores veteranos y conocidos—, no hay ninguna posibilidad porque siempre van a ganar los de Harvard o los de Oxford, etc. La mejor manera de tener seguridad en lo que hacemos es imprimir alguna característica personal en ello, algo que no haga nadie más en el mundo, y arriesgarnos. ¿Quién dice que, si ponemos todo el empeño y aspiramos a la perfección, no vamos a tener el premio a mejor póster del congreso o a la mejor presentación oral? ¿Quién dice que si nuestra Tesis Doctoral ha sido lo suficientemente buena y prolífica no podemos optar a un premio a "la mejor Tesis Doctoral en nuestra área"? ¿Quién dice que si publicamos un magnífico artículo en nuestra Tesis, no podemos ganar el premio al mejor paper del año realizado por un investigador joven? ¿Quién dice que si tenemos una fotografía de nuestra Tesis especialmente impresionante no podamos optar a un premio como el de FotoCiencia?

Hay muchos concursos de este tipo y sobre todo "premios". El paradigma de país con premios para científicos es Estados Unidos. Cada sociedad científica —y hay muchas— tiene sus premios: mejor artículo del año, mejor comunicación en el congreso de turno, mejor investigador joven, etc. Muchas fundaciones privadas también tienen su premio –que normalmente lleva el nombre del fundador–. Muchas empresas farmacéuticas o de material de laboratorio también tienen sus premios: premios Eli Lilly de investigación, premio Eppendorf al investigador joven Europeo, premio de la revista de investigación en hidratos de carbono, premios Sigma Aldrich a las mejores fotografías en Microbiología, premio Jaime Ferrán de la Sociedad Española de Microbiología, premios de la Comisión Europea a la comunicación científica, premios Marie Curie a la excelencia, premios Descartes de investigación, premio a la mejor Tesis Doctoral en Patogenómica o en Biología Molecular, premio Fundación BIOGEN IDEC para Jóvenes Investigadores, Premios L'Oréal – UNESCO para investigadoras científicas. ¿Por qué no optar a ellos? Conseguiríamos muchas más cosas si creyéramos que son muchas menos las imposibles.

Todo empieza al terminar la Tesis

Con ánimo resuelto, nosotros no nos hemos recluido entre los muros de una sola ciudad, sino que hemos salido fuera para tener tratos con el mundo entero, y hemos proclamado que nuestra patria es el universo, para que nos fuera posible brindarle a la virtud un campo de acción más amplio.

L. Séneca

Hay momentos en la vida en los que hay que tomar decisiones relativamente críticas. Comenzar o no una etapa postdoctoral es uno de ellos. Utilizando las palabras de Morfeo, de la película The Matrix, esta es casi tu principal oportunidad de hacerte un hueco en el mundo de la investigación. Si dejas pasar el tiempo, será difícil reengancharte a un laboratorio. Si tomas la pastilla azul, dejas la investigación y buscas otro trabajo, fin de la historia. Si tomas la pastilla roja y decides realizar una estancia postdoctoral de larga duración –2 o 3 años– tendrás muchas posibilidades de quedarte en el país de las maravillas y tus futuros jefes y compañeros te enseñarán hasta donde llega la madriguera de conejos.

La Tesis Doctoral solo es el comienzo de la carrera investigadora de un científico. La defensa de la Tesis Doctoral y por lo tanto la obtención del título de Doctor, equivalen a finalizar el primer gran paso de esa carrera. Pero, como ocurre al correr –ya que hablamos de pasos– el cerebro ya está preparando dar el segundo paso antes de que el pié toque el suelo y hay que tener bastante claro lo que se quiere hacer al terminar la Tesis. Si la pasión por la ciencia ha disminuido durante los años de Tesis, el doctorando puede llegar a una triste y comprensible duda. Cuando se acerca el final de la etapa doctoral, suenan varias alarmas que aumentan el estrés. Se termina el contrato o la beca, o el dinero para comprar reactivos, o nos vamos al paro, o no tenemos un nuevo contrato a la vista, o tenemos uno garantizado si terminamos YA, o nuestros compañeros defienden la Tesis y se van, o tienen un nuevo contrato en el mismo sitio. Estos meses finales pueden llegar a ser una pesadilla. Por lo tanto, es una inexorable pérdida de tiempo no tener claro el futuro inmediato. Las posibles opciones se reducen a dos. O seguimos la carrera investigadora debido a nuestras inquietudes como científicos, o vemos la etapa doctoral y postdoctoral como una mera herramienta para encontrar un trabajo. A o B. Es así de claro. Al 50%. Si al terminar la Tesis Doctoral no nos hemos planteado esta pregunta, o no tenemos ya la respuesta, malo. Bueno, malo malo no. Solo regular. Pero regular es peor que bueno. Sobre todo porque puede comenzar un período de espera en el cual el nuevo Doctor no va a generar datos publicables, lo que le deja en desventaja frente a los que tienen las ideas más claras y no van a perder el tiempo.

Resumiendo. Es mejor tener las ideas claras sobre lo que queremos hacer antes de terminar la Tesis. Bastante antes. Pongamos por ejemplo, un año antes. Seis meses antes. ¡Aunque sea una semana antes! ¡Pero antes!

Por varias razones. La principal es, que si se quiere seguir con la carrea investigadora hay que buscar el siguiente laboratorio donde trabajar, porque muy probablemente el actual laboratorio no disponga de los recursos necesarios para incrementar el tiempo de contrato, ni pueda pagar la mayor remuneración que teóricamente debería percibir el nuevo Doctor. Para encontrar ese siguiente laboratorio, evidentemente hay que buscarlo. En la actualidad hay muchos y muy buenos laboratorios dedicados a la ciencia en todo el mundo. Es decir, hay muchas posibilidades.

Hay varias formas de buscar el siguiente laboratorio tras la Tesis. La más común es el contacto directo con los jefes de otros laboratorios. Posiblemente hayamos conocido alguno en reuniones o congresos, o hayan venido a dar una charla en nuestro centro, invitados por nuestro jefe o por otros investigadores. Existe la posibilidad de que nuestro jefe los conozca personalmente, o incluso tenga una relación de amistad con ellos. Si el networking no funciona, hay que buscar. Existen páginas web donde se publican anuncios de puestos postdoctorales. Solo hay que escribir la palabra postdoc job en nuestro buscador (en inglés habrá más posibilidades por supuesto). Aquí nos encontraremos con páginas como <u>www.academics.com</u>, <u>www.postdocjobs.com</u>, <u>www.sciencecareers.org</u>, <u>www.naturejobs.com</u>, donde podremos encontrar muchas ofertas. Además, es recomendable también navegar por las páginas web de departamentos o laboratorios de las distintas universidades y centros de investigación en busca de opciones. Es muy simple, entras en la página web de la universidad X, buscamos los Departamentos que tiene y luego, los laboratorios que realizan investigación, en que trabajan y si tienen ofertas de empleo. Se puede buscar por áreas temáticas, por países, por ciudades o incluso por universidades de prestigio o centros de investigación. Si queremos buscar alguien que nos financie una estancia postdoctoral, podemos recurrir a algún Ministerio estatal, a fundaciones públicas o privadas, o a consorcios internacionales que ofrecen dinero para que se favorezca el intercambio de jóvenes investigadores entre países para mejorar su formación. Todos los jóvenes investigadores deben buscar estas fuentes de financiación, aunque algunas ofertan solamente un reducido número de becas o contratos.

Pero no en todos estos posibles laboratorios investigan algo que resulte interesante y estimulante. Tampoco todos están en lugares que parezcan enormemente atractivos para vivir. Y por supuesto, no todos estarán dispuestos a acogernos. Solo unos pocos podrán pagarnos un sueldo y la mayoría querrán que la remuneración del recién doctorado corra a cargo de una beca o contrato externo al propio laboratorio, lo que supondrá mano de obra "sin coste". O lo que es lo mismo, el doctorando deberá solicitar una beca o contrato en alguna de las convocatorias nacionales o internacionales que permita sufragar los gastos de su primera etapa postdoctoral. Y aquí es donde comienza todo. Hay que hacer la solicitud de esa beca o contrato. Y esa solicitud, evidentemente hay que realizarla "antes" de la convocatoria, normalmente muchos meses antes de su resolución definitiva, por lo que el doctorando debe rellenar los papeles de solicitud, incluso antes de haber finalizado la Tesis Doctoral. Esto implica algo obvio; que el doctorando ya tiene que saber antes de terminar la Tesis, si quiere rellenar la solicitud y por lo tanto, "qué" es lo que quiere hacer al terminar la Tesis y también "dónde" lo quiere hacer.

Y se cierra el círculo. Para cumplimentar la mayoría de las convocatorias de becas o contratos postdoctorales existentes —sino todas— hay que llegar a un acuerdo con el laboratorio de destino, para tener —e incluir en la solicitud— una carta de aceptación. Es decir, que el laboratorio que nos va a acoger durante el periodo postdoctoral debe estar previamente de acuerdo con que vayamos a trabajar allí, debe confirmar que se ocupará de nosotros y lo debe reflejar por escrito. Y volvemos al principio. Antes incluso de haber terminado la Tesis Doctoral, hay que realizar "un contacto" con "ese laboratorio" al que queremos ir. No se puede terminar la Tesis Doctoral y escribir una carta a un laboratorio diciendo que vamos para allá. O coger el teléfono y llamar a un jefe de grupo en otro país, y decirle: —Oye mira, que ayer terminé mi Tesis Doctoral. Todo salió bien, soy muy bueno investigando, mañana voy a tu laboratorio para trabajar en un proyecto. ¿Estás de acuerdo? Por el dinero no te preocupes, seguro que tienes un montón, ¿Cómo tienes un grupo grande verdad, pues…?

Las cosas no se hacen así. Muy pocos doctorandos contactan con un solo laboratorio y muchos menos son aceptados tras el primer contacto. Es más, la elección del futuro laboratorio puede resultar larga y tediosa. Hay que estudiar muy bien a dónde se va, con quién se va, cuánto tiempo se va, qué trabajo se va a hacer y quién va a pagar ese trabajo. Por eso, cierto tiempo antes de terminar la Tesis hay que prepararse ya para el siguiente nivel.

¿A dónde nos vamos?

La elección del laboratorio de destino implica también la elección de la ciudad, o incluso del País de destino. Puede que un laboratorio maravilloso nos guste por su excelente ciencia y por su productividad, pero el que esté ubicado en un desierto a dos mil kilómetros de distancia nos puede echar para atrás. Y viceversa, podemos querer vivir en la cuidad de nuestros sueños, pero ahí no encontrar ningún laboratorio que investigue en lo que nos gusta.

Hay que buscar un laboratorio –lo más prestigioso posible–que ofrezca algún tipo de aliciente externo. No sé, aunque sea ¡que tenga un maravilloso restaurante para el personal! La ciudad donde esté ubicado también es importante. Siempre hay alguna ciudad que nos haya gustado desde siempre, que hayamos querido conocer, o que nos parece tremendamente atractiva para vivir. Podemos empezar a buscar un laboratorio en sitios que tengan esas características. Pasaremos en ese laboratorio y en esa ciudad al menos uno o dos años.

¿Con quién nos vamos?

Puede que haya un científico recién galardonado con el premio Nobel y que haga exactamente la ciencia que nos gusta y que interesa a toda la humanidad e incluso a los extraterrestres. Pero puede también que ese científico no haga ni caso al Doctor recién llegado, puede que incluso ni se moleste en leer sus e-mails, o que su laboratorio sea un caos de guerras internas y de lucha por el poder. Esto no interesa. Hay que buscar en la medida de lo posible, un laboratorio dirigido por alguien importante en su campo, o de reconocido prestigio –ya que esto suele beneficiar bastante la productividad de la etapa postdoctoral– pero asegurándonos de que vamos a poder realizar nuestro trabajo en paz y tranquilidad. Por eso, también hay que valorar la posibilidad de poder ayudar a un equipo relativamente joven –sin tanto prestigio– a crecer. Los jóvenes jefes con jóvenes equipos tienen mucha potencia creadora y gran capacidad de trabajo, ya que quieren construir un laboratorio potente cuanto antes. Esto también puede favorecer el entusiasmo, el espíritu de trabajo y por consiguiente, la productividad de los recién llegados.

Sin duda, los que mejor pueden ayudar a contestar todas estas preguntas y a recomendar buenos laboratorios son los postdoctorales del laboratorio actual, o el propio director de Tesis. Se pueden dar muchos consejos a la hora de elegir un laboratorio para continuar investigando, pero, evidentemente, la etapa postdoctoral e incluso su búsqueda merecerían un libro aparte.

¿Cuánto tiempo nos vamos?

La mayoría de becas o contratos postdoctorales son de dos años. Este es un número ideal. Dos. En un año prácticamente no hay tiempo de producir nada. Entre la adaptación al nuevo tema de trabajo, al laboratorio, a los compañeros, e incluso a la ciudad —con búsqueda de piso, cambio de piso, mudanza, etc. – se pierde mucho tiempo.

Tres años es para algunos un tiempo excesivo. Si no se ha demostrado nada en dos años, muy posiblemente es que no haya nada que demostrar en tres. Ahora bien, un tercer año en algunos casos es altamente productivo. Si al cabo de dos años se ve luz al final del túnel y hay acuerdo entre el postdoctorando y su jefe, podría solicitarse un segundo contrato o beca postdoctoral por otros dos años, o incluso se podría optar a una posición fija o algo similar, que permita un tiempo extra para terminar algo importante o productivo que no ha podido ser finalizado en los dos primeros años.

¿Y tú, te vas fuera?

Esta pregunta se la harán multitud de veces al doctorando, sobre todo ante la proximidad de la defensa de la Tesis Doctoral. Es lógico. Con la finalización de la Tesis finaliza una etapa que muchas veces conlleva también la finalización del contrato o de la beca. Si el doctorando no ha pensado en su futuro antes, ya no tiene otro remido que hacerlo ahora. Prácticamente la totalidad de los directores de

Tesis recomiendan realizar una etapa postdoctoral en el extranjero. No pocos doctorandos serán reacios a marcharse. Esto se explica en parte por la "viscosidad de la población", palabras perfectamente utilizadas por R. Dawkins en su libro más famoso. Para él, dicha viscosidad significa cualquier tendencia de los individuos para continuar viviendo juntos en el lugar donde nacieron. Esto se puede aplicar a cualquier aspecto de la vida, pero especialmente en los doctorandos que tienen miedo a irse de su ciudad o de su país. Este pánico muy posiblemente habrá sido superado en aquellos que hayan realizado una estancia de corta duración durante la Tesis —cuyas ventajas ya he comentado en el capítulo correspondiente— o en los que comparten laboratorio con investigadores postdoctorales de otras ciudades o países. Además del miedo, embarcarse en la aventura científica postdoctoral en el extranjero puede aumentar considerablemente el tiempo que se tarda en encontrar una posición estable en tu propio país, ya que en no pocas ocasiones, muchos prefieren rendir pleitesía al cacique de turno o al propio director de Tesis, a fin de ganar sus favores y heredar algún sillón tras unos pocos años sin salir de casa. Esto me enfurece y me entristece profundamente.

Si te gusta la investigación científica no tengas miedo, confía en ti. Sobre todo, recuerda estos números: 35-40, 1600-1840, 56000-64400. Nuestra felicidad depende de nuestra mente. Un trabajo satisfactorio y mentalmente estimulante proporciona una vida feliz. A por él.

Lecturas recomendadas

Un estilo de vida y otros discursos, con comentarios y anotaciones. *Shigeaki Hinohara y Hisae Niki*
Increíble libro que todos los estudiantes de ciencias —y sobre todo los que quieren dedicarse a la medicina— deberían leer al comienzo de su carrera, y también al finalizarla. Cualquier otra persona, al menos una vez en la vida.

El Gen Egoísta. *Richar Dawkins*
Magnífica teoría sobre el comportamiento humano, que me ha permitido elucubrar el motivo por el cual hay gente tan rara, buena, mala y tan diferente en el mundo.

La conquista de la felicidad. *Bertrand Russell*
Obra maestra anti-miedo.

Retórica. *Aristóteles*
Para aprender a leer, hablar, pensar, defenderse y atacar.

Reglas y consejos sobre investigación científica: Los tónicos de la voluntad. *Santiago Ramón y Cajal*
Con cien años y sigue siendo un texto maravilloso y útil para cualquier estudiante.

Cómo publicar en Nature y en las revistas de Nature publishing group. *Nature Publishing Group Iberoamericana*
Un excelente compendio de editoriales de las revistas de este grupo editorial, que debería estudiarse en las universidades.

Sobre la firmeza del Sabio. Sobre la tranquilidad del Alma. Sobre la brevedad de la vida. *Séneca*
Otro clásico genial que nos ayudará mucho en caso de que consigamos interiorizarlo mentalmente.

Sobre el autor

José Ramos Vivas nació en Ourense en 1973. Tras finalizar su EGB en el Colegio Público Hermanos Villar, cruzó la calle para estudiar en el Instituto Público Otero Pedrayo. Posteriormente, cursó estudios de Biología en las Universidades de Vigo y Santiago de Compostela, en Galicia. Realizó y defendió su Tesina de Licenciatura en la Universidad de Vigo y se doctoró *cum laude* en Ciencias Biológicas por la Universidad de León. Realizó estudios postdoctorales en el Instituto Pasteur de París, en el Centro Nacional de Biotecnología del CSIC, en la Universidad de Las Palmas de Gran Canaria y en el Centro de Investigaciones Biológicas CIB-CSIC en Madrid. Actualmente trabaja como investigador en el Hospital Universitario Marqués de Valdecilla y en el Instituto de Investigación Marqués de Valdecilla-IDIVAL y es profesor asociado en el Máster de Biología Molecular y Biomedicina de la Universidad de Cantabria, en Santander, España.

Todos los problemas tienen solución, menos la muerte. Eso, si consideramos que morir es un problema. Por lo tanto, se trata de buscar soluciones a problemas. Las soluciones existen, para encontrarlas solo hay pensar, o preguntar, o buscarlas en internet.